工业和信息化高职高专"十二五"规划教材立项项目

21世纪高等职业教育计算机技术规划教材

21 ShiJi GaoDeng ZhiYe JiaoYu JiSuanJi JiShu GuiHua JiaoCai

大学计算机基础实训指导

DAXUE JISUANJI JICHU SHIXUN ZHIDAO

蔡明 王楠 主编

何忠慧 张波 副主编

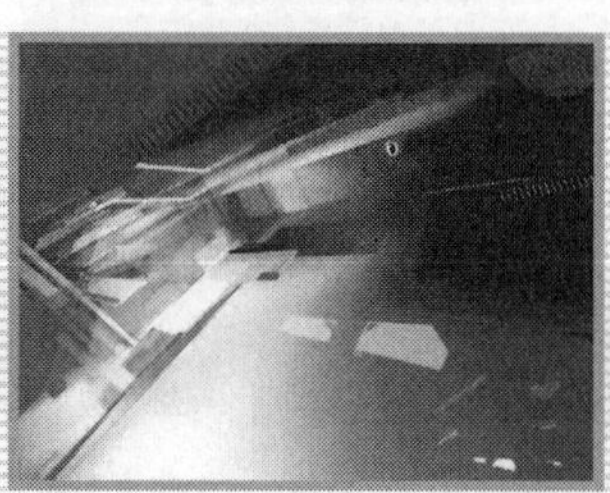

人民邮电出版社

北京

图书在版编目（CIP）数据

大学计算机基础实训指导 / 蔡明，王楠主编. -- 北京 : 人民邮电出版社，2013.10(2014.8 重印)
21世纪高等职业教育计算机技术规划教材
ISBN 978-7-115-32870-0

Ⅰ. ①大… Ⅱ. ①蔡… ②王… Ⅲ. ①Windows操作系统－高等职业教育－教材②办公自动化－应用软件－高等职业教育－教材 Ⅳ. ①TP316.7②TP317.1

中国版本图书馆CIP数据核字(2013)第199650号

内容提要

本书是与《大学计算机基础》配套的实训指导教材。本书共分为5章，内容包括日常办公设置、办公文档处理、办公电子报表处理、办公演示文稿处理和计算机网络基础。

本书通过职业场景设计，穿插技能任务与子任务。全书以职场工作为背景设计教学实践内容，不仅突出了实践性与职业性，也体现了由浅入深、由易到难的组织形式。通过简洁的语言与图文并茂的描述，形成了“轻松学习、简单理解、引导实践”的技巧与技能学习效果。

本书适合作为高等院校、高等职业技术院校、成人教育学院计算机文化基础课程教材，也可以作为全国计算机等级考试和自学考试的辅导用书。

◆ 主　编　蔡　明　王　楠
副主编　何忠慧　张　波
责任编辑　韩旭光
责任印制　杨林杰

◆ 人民邮电出版社出版发行　北京市丰台区成寿寺路11号
邮编　100164　电子邮件　315@ptpress.com.cn
网址　http://www.ptpress.com.cn
大厂聚鑫印刷有限责任公司印刷

◆ 开本：787×1092　1/16
印张：8　　2013年10月第1版
字数：194千字　　2014年8月河北第3次印刷

定价：25.00元

读者服务热线：(010)81055256　印装质量热线：(010)81055316
反盗版热线：(010)81055315

前　言

当代大学生面对严峻社会压力，职业素养要求更加明晰。计算机应用基础作为高等职业院校学生专业学习入门课程，不仅能帮助学生掌握基本信息技术，还为学生后续专业学习奠定了基础。在满足全国计算机等级考试需要的同时，侧重职业素养训练。全书从职场工作情境入手，设计了5个学习篇章。学生伴随着日常办公设置、办公文档处理、办公电子报表处理、办公演示文稿处理和计算机网络基础5个情境的学习，可以逐步适应职业环境。

本书由蔡明、王楠任主编，何忠慧、张波任副主编。各章编写分工如下：第1章由蔡明编写，第2章和第3章由王楠编写，第4章由张波编写，第5章由何忠慧编写。本书中的练习素材请到人民邮电出版社网站（http://www.ptpress.com.cn）下载。

本书在书稿的编写与实例制作过程中力求严谨，但由于时间关系，且编者水平有限，书中难免出现疏漏与不妥之处，敬请读者批评、指正。

编　者

2013年6月

目　录

第1章 日常办公设置

Windows 7 是微软公司推出的新一代客户端系统，是当前主流的微机系统之一。与以往的版本相比，Windows 7 在性能、易用性、安全性等方面都有了非常明显的提高。

本章通过 5 个典型任务，介绍 Windows 7 界面组成和基本功能，让学生熟练掌握 Windows 7 系统的个性化设置；熟练运用计算器、画图等系统附件，引导学生用系统工具进行磁盘整理等，对自己的工作环境进一步调整和优化；熟练掌握如何对文件、文件夹及应用程序进行有效的管理和运用。

任务 1　控制面板

“控制面板”是 Windows 7 提供的一个重要系统文件夹，其中包含许多独立的程序项，是用户对计算机系统进行设置的重要工作界面。可以用来对设备进行设置和管理，调整系统的环境参数和各种属性。

情境创设

今年，小张大学毕业后成功应聘到泰平保险公司上班。他入职的第一天公司给他配置了办公计算机与用品。他第一件事便是准备整理办公环境，并处理计算机系统与风格设置。在结合个人喜好思索一番后，小张决定对系统进行几项个性化定制。

1. 桌面上显示“计算机”和“回收站”图标，以及“日历”和“幻灯片放映”小工具。

2. 将系统提供的“Windows 7”主题作为新的桌面背景。

3. 创建一个名为“WWW”，密码为“123”的“管理员”用户账户。

4. 修改计算机的日期和时间为当前的日期 2013 年 5 月 6 日。

5. 给系统添加“简体中文全拼”输入法，然后删除系统已有的“中文（简体）—美式键盘”输入法。

1.1.1　任务分析

在“控制面板”中可以实现很多功能，例如，建立、修改、删除用户账号，设置时间和日期，设置区域与语言选项，设置计算机主题、背景、外观，添加、共享打印机等。

1. 使用“个性化”链接设置系统主题。

2．使用“小工具”命令设置小工具。

3．使用“用户账号”选项管理用户，包括新建、修改密码。

4．使用“日期和时间”选项修改系统日期。

5．使用“区域和语言选项”添加或者删除输入法。

1.1.2　任务实现

1．桌面上显示“计算机”和“回收站”图标，以及“日历”和“幻灯片放映”小工具。

- 通过“开始”→“控制面板”→“个性化”命令，打开“个性化”窗口，如图 1.1 所示。
- 单击窗口中的“更改桌面图标”链接，打开“桌面图标设置”对话框。在“桌面图标”栏内选择“计算机”和“回收站”复选框，如图 1.2 所示，单击“确定”按钮，返回“个性化”窗口。

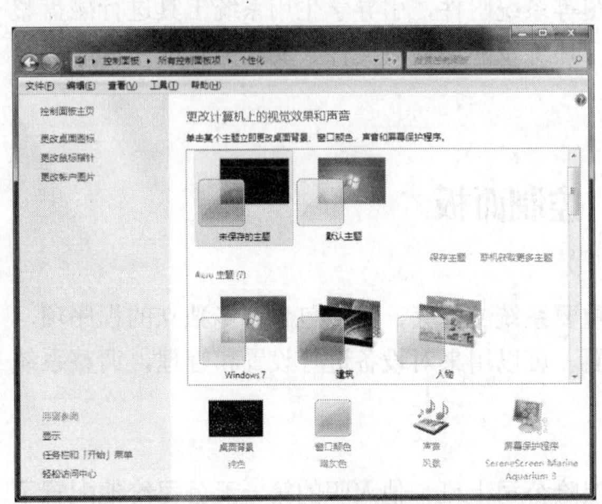

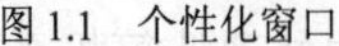
图 1.1　个性化窗口

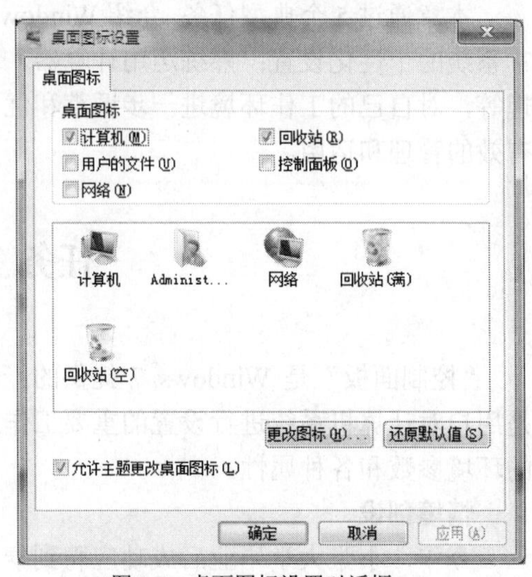

图 1.2　桌面图标设置对话框

- 用鼠标右键单击桌面空白处，从快捷菜单选择“小工具”命令，打开“小工具库”窗口，如图 1.3 所示。

图 1.3　小工具库窗口

- 用鼠标右键单击“日历”小工具，从快捷菜单中选择“添加”命令，将“日历”小工具添加到桌面上。

- 使用上面步骤中的方法，将“幻灯片放映”小工具也添加到桌面上，单击“关闭”按钮。关闭小工具库。

2. **将系统提供的“Windows7”主题作为新的桌面背景。**

- 通过“开始”→“控制面板”→“个性化”命令，打开“个性化”窗口，在打开的“个性化”窗口中，单击列表框中“Aero 主题”栏下的“Windows 7”主题，如图 1.4 所示。观察桌面变化。

3. **新建一个名为“WWW”、密码为“123”的“管理员”用户账号。**

- 通过“开始”→“控制面板”命令，打开“控制面板”窗口，切换到小图标查看方式，如图 1.5 所示。

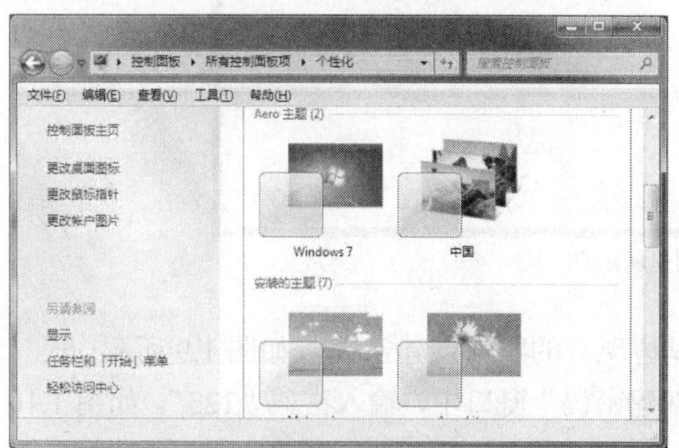

图 1.4　个性化窗口

图 1.5　控制面板设置界面

- 在“所有控制面板项”窗口中单击“用户账户”图标，打开“用户账户”对话框，如图 1.6 所示。
- 选择“管理其他账户”选项，打开“管理账户”对话框，如图 1.7 所示。

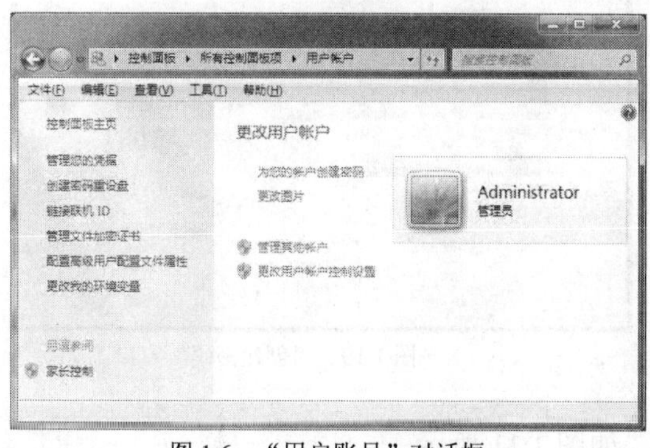

图 1.6　“用户账号”对话框

图 1.7　“管理账户”对话框

- 单击“创建一个新账户”选项，在打开窗口的“新账户名”文本框中输入新的账户名“WWW”。
- 选择“管理员”单选按钮，如图 1.8 所示，然后单击“创建账户”按钮完成新账户的创建。

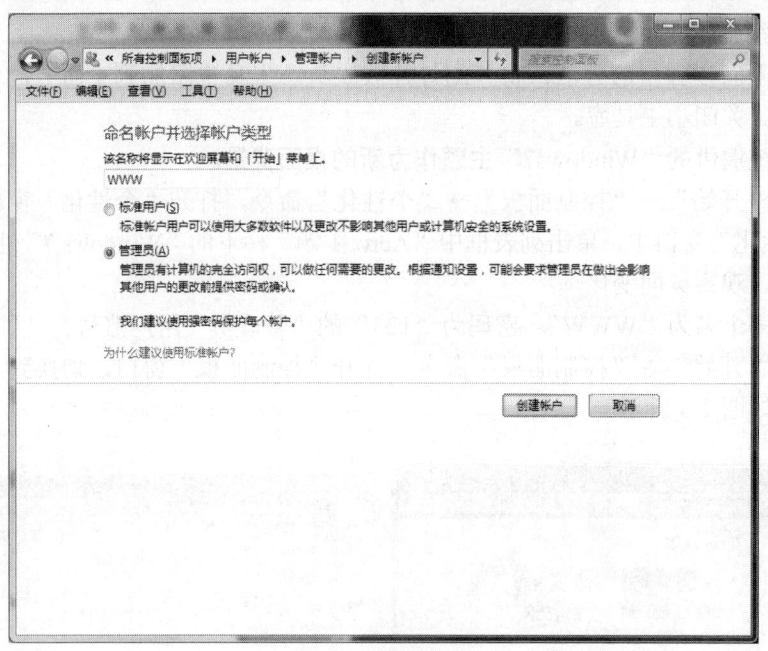

图 1.8 创建新账户

- 创建一个新账户以后就可以选中系统里边现有的账户创建密码，如图 1.9 所示。
- 单击左边的“创建密码”，在弹出的“创建密码”窗口中，输入密码“123”，如图 1.10 所示。

图 1.9 选中账户

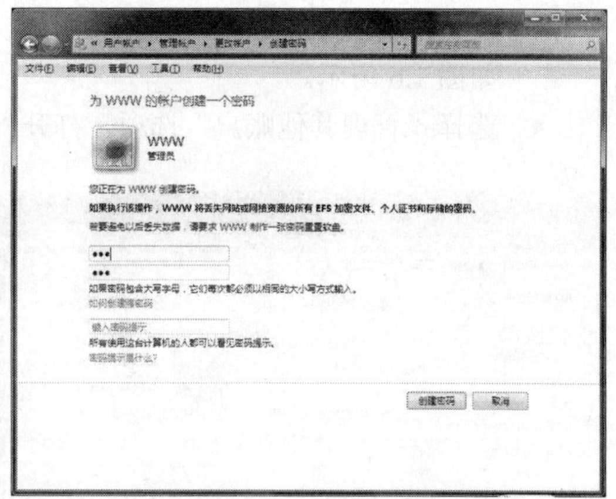

图 1.10 “创建密码”窗口

- 单击“创建密码”按钮，完成密码设置，如图 1.11 所示。

4. **修改计算机的日期和时间为“2013 年 5 月 6 日”。**

- 通过“开始”→“控制面板”命令，打开“控制面板”窗口，选择“小图标”的查看方式，在“所有控制面板项”窗口中单击“日期和时间”图标，打开“日期和时间”对话框，选择“日期和时间”选项卡，如图 1.12 所示。
- 单击“更改日期和时间”按钮，打开“日期和时间设置”对话框，单击当前日期，设置年份和月份，如“2013 年 5 月 6 日”，如图 1.13 所示。

- 设置完成后单击“确定”按钮。

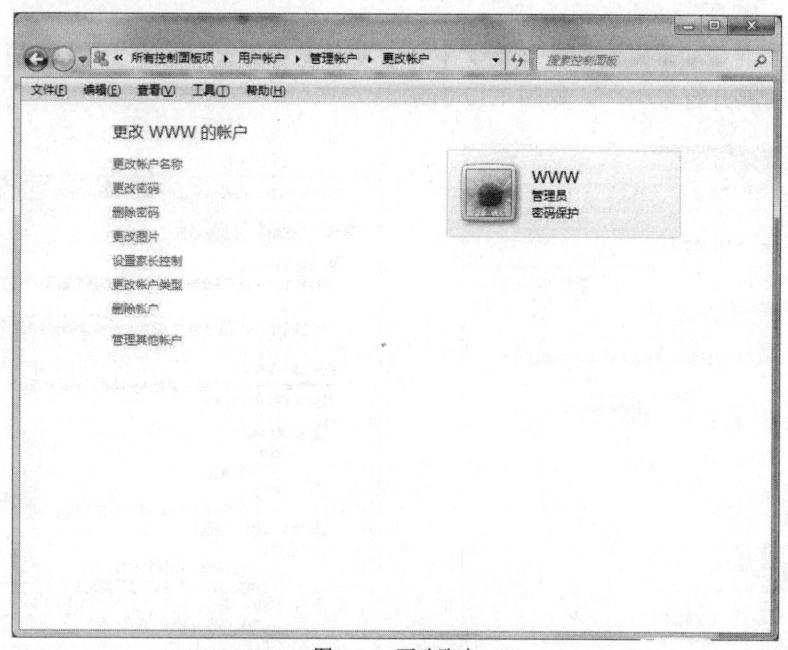

图 1.11　更改账户

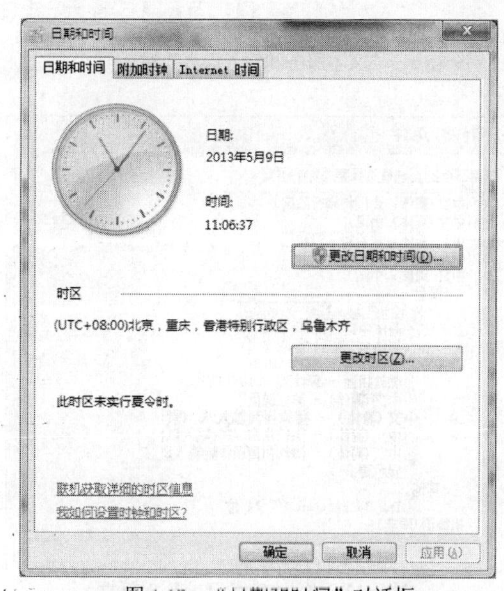

图 1.12　“日期和时间”对话框

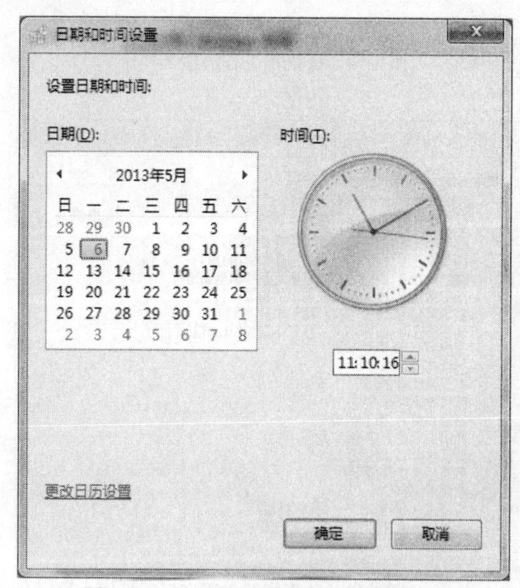

图 1.13　“日期和时间设置”对话框

5. 添加“简体中文全拼”输入法。

- 单击“开始”→“控制面板”，选择“小图标”查看方式，打开“所有控制面板项”窗口，在该窗口中单击“区域和语言”图标，打开“区域和语言”对话框，选择“键盘和语言”选项卡，如图 1.14 所示。
- 在“键盘和其他输入语言”选项组中，单击“更改键盘”按钮，打开“文本服务和输入语言”对话框，如图 1.15 所示。

- 在“已安装的服务”选项组中，单击“添加”按钮，打开“添加输入语言”对话框，如图 1.16 所示。
- 通过上下移动垂直滚动条找到“中文（简体，中国）”单击“中文（简体，中国）”前面的展开符号“+”，如图 1.17 所示。

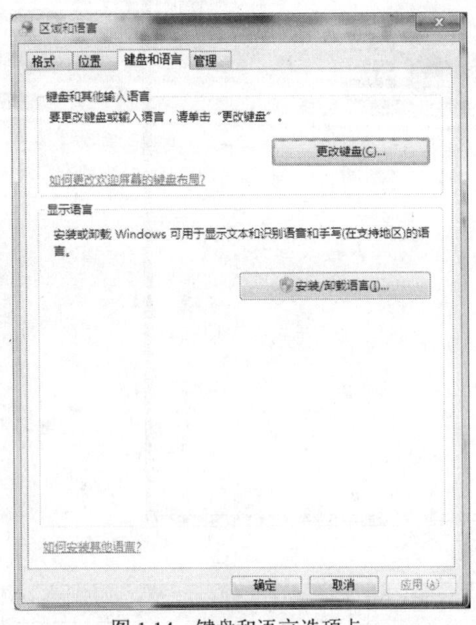

图 1.14　键盘和语言选项卡

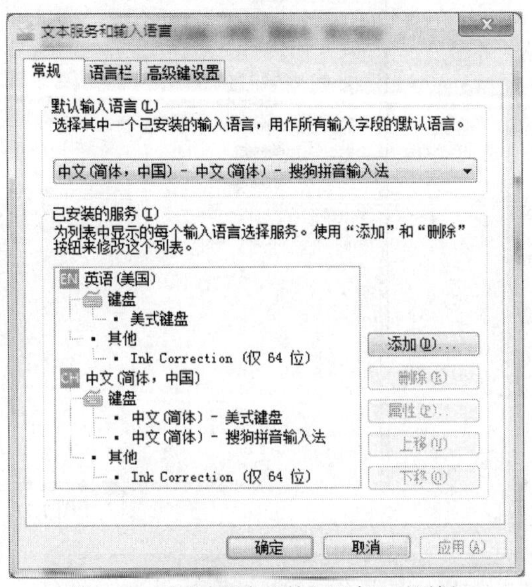

图 1.15　“文本服务和输入语言”对话框

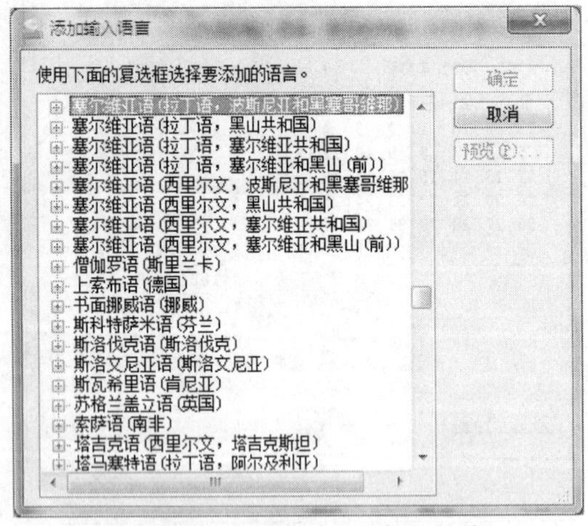

图 1.16　“添加输入语言”对话框

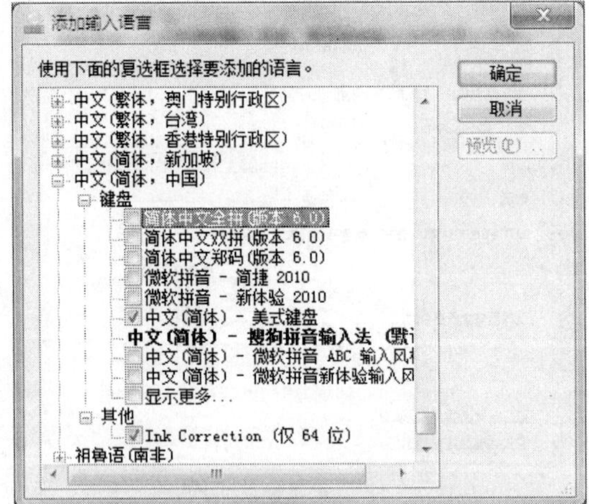

图 1.17　“添加输入语言”对话框

- 勾选所需要的输入法前的复选框，如“简体中文全拼”，单击“确定”按钮，返回“文本服务和输入语言”对话框，如图 1.18 所示。
- 再次单击“确定”按钮，“简体中文全拼”输入法添加成功。

6．删除“中文（简体）—美式键盘”输入法。

- 单击“开始”→“控制面板”，选择“小图标”查看方式，打开“所有控制面板项”

窗口，在该窗口中单击“区域和语言”图标，打开“区域和语言”对话框，选择“键盘和语言”选项卡，如图 1.19 所示。

- 在“键盘和其他输入语言”选项组中，单击“更改键盘”按钮，打开“文字服务和输入语言”对话框，选择“常规”选项卡。
- 在“常规”选项卡下“已安装的服务”选项组中，选中其中的一种输入法，如“中文（简体）—美式键盘”输入法，单击“删除”按钮，如图 1.20 所示。
- 单击“确定”按钮，“中文（简体）—美式键盘”输入法删除成功。

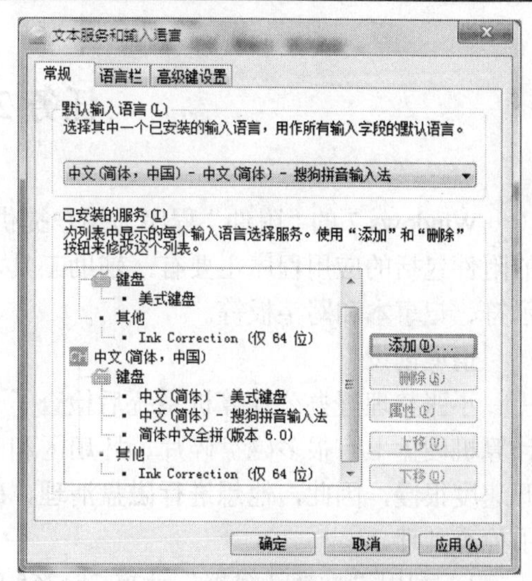

图 1.18　“文本服务和输入语言”对话框

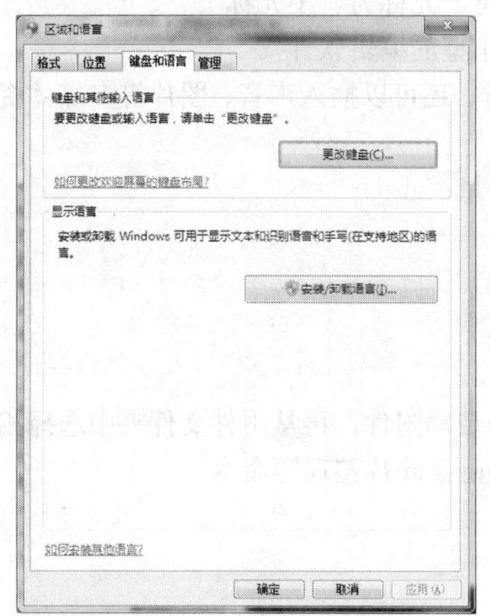

图 1.19　键盘和语言选项卡

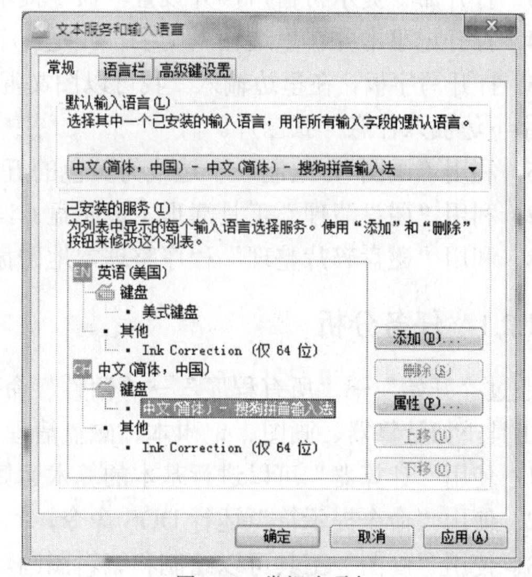

图 1.20　常规选项卡

1.1.3　课后练习

1．桌面上显示“计算机”和“控制面板”图标以及“CPU 仪表盘”小工具。

2．系统等待 30 分钟后，自动启动“三维文字”屏幕保护程序，并显示文字“请等待！”

3．在控制面板中打开“区域和语言”选项，把“美式键盘”输入法设置为系统默认的输入法。

4．在控制面板中打开“字体”文件夹，以“详细信息”方式查看本机已安装的字体，并查看本机安装的字体数。

5．将系统提供的“风景”主题作为新的桌面背景。

任务 2　系统附件

Windows 7 的“附件”程序为用户提供了许多实用方便而且功能强大的工具。Windows 7 的附件包括的应用程序主要有：辅助工具、通信、系统工具、娱乐、画图、计算器、命令提示符、记事本和写字板等。

情境创设

小张整理好办公计算机系统后检查了一下系统磁盘与文件管理等资源。检测后，他发现计算机硬盘上有很多磁盘碎片、坏扇区和大量的临时文件，导致磁盘运行空间不足，文件打开速度很慢，因此，他想进行磁盘清理、磁盘碎片整理程序。于是他决定从以下几个方面入手检查处理。

1．利用“标准计算器”计算 28*365 的值。

2．利用“科学性”计算器计算“cos30”的值。

3．打开命令提示符窗口，并设置“命令提示符”光标为“小光标”。

4．打开记事本并在里边输入文字“我是一个小型的编辑软件”。

5．打开写字板，在里边输入“我可以图文混排，还可以插入声音、图片等多媒体资料”，在文字下边插入任意一张图片。

6．利用“画图”，绘制一个边线为黄色的五角星。

7．利用“磁盘清理”工具清理本地磁盘 C。

8．利用“磁盘碎片整理”程序整理本地磁盘 D。

1.2.1　任务分析

通过“开始”→“所有程序”→“附件”命令启动附件，再从附件文件夹中选择相应的附件工具，如计算器、画图、记事本、磁盘清理、磁盘碎片整理等命令。

1．使用“计算器”可以进行基本的算术运算。

2．使用“命令提示符”运行 DOS 命令。

3．使用“画图”工具可以绘制和编辑图画。

4．使用“记事本”和“写字板”可以进行文本文档的创建与编辑工作。

5．使用“磁盘清理”和“磁盘碎片整理”可以清理磁盘碎片、坏扇区和大量的临时文件，达到整理磁盘的目的。

1.2.2　任务实现

1．使用附件工具中的“标准计算器”计算 28*365 的值。

- 选择“开始”→“所有程序”→“附件”→“计算器”命令，打开计算器窗口，系统默认的是“标准型”计算器。
- 在计算器的数字键上分别单击 2、8、*、3、6、5，此时计算器文本框出现“28*365”如图 1.21 所示。
- 单击“=”即可得到 28*365 的值，如图 1.22 所示。

图 1.21　标准型计算器

图 1.22　标准型计算器

2．**使用附件工具中的“科学性”计算器计算“cos30”的值。**

- 打开计算器，选择“查看”→“科学型”菜单命令，切换为科学计算器，如图 1.23 所示。
- 在计算器右边键上先选择“3”和“0”，此时“30”出现在计算器的计算区域，然后在左边键上选择“cos”键，计算器计算区域出现 cos30 的值，如图 1.24 所示。

图 1.23　科学性计算器

图 1.24　计算结果窗口

3．**打开命令提示符窗口。**

“命令提示符”（CMD）就是 Windows 7 系统下的“MS-DOS 方式”。

- 选择“开始”→“所有程序”→“附件”→“命令提示符”命令，启动 DOS 窗口，如图 1.25 所示。

4．**设置“命令提示符”光标为“小光标”。**

- 打开“命令提示符”窗口。
- 用鼠标右键单击“命令提示符”窗口标题栏，弹出如图 1.26 所示的快捷菜单，可以对该窗口进行最大化、最小化、属性等设置。
- 选择“属性”，出现“命令提示符”属性对话框，在“选项”选项卡的“光标大小”选项组中选择“小”单选按钮，如图 1.27 所示，单击“确定”按钮完成设置。

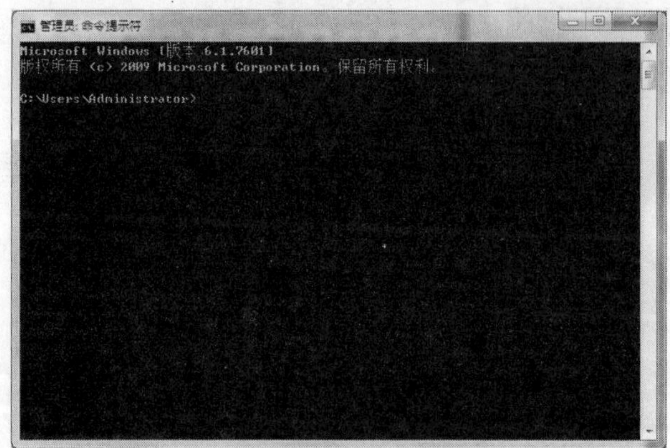

图 1.25　DOS 窗口

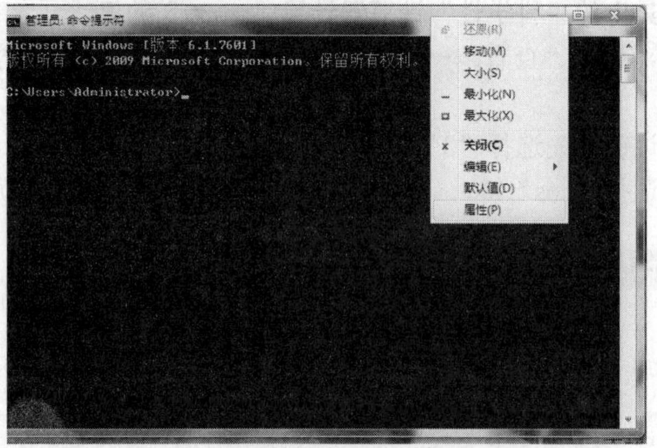

图 1.26　DOS 窗口的快捷菜单

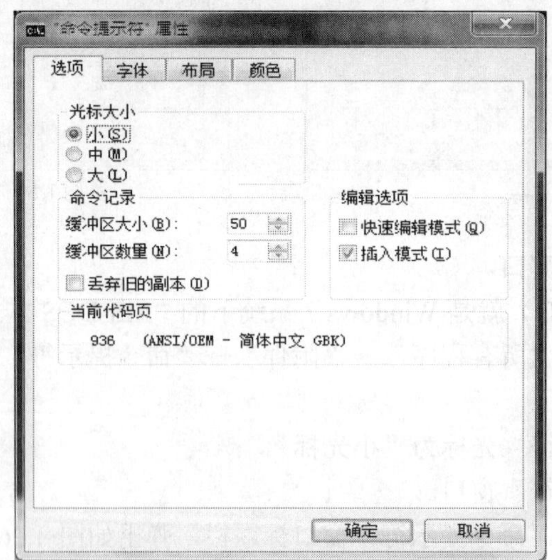

图 1.27　命令提示符属性对话框

5．打开记事本并在里边输入文字"我是一个小型的编辑软件"。

- 执行"开始"→"所有程序"→"附件"→"记事本"命令，打开记事本窗口，在里边输入文字“我是一个小型的编辑软件”，如图 1.28 所示。

6．打开写字板，在里边输入“我可以图文混排，还可以插入声音、图片等多媒体资料”，在文字下边插入任意一张图片。

- 执行“开始”→“所有程序”→“附件”→“写字板”命令，打开写字板窗口，从光标闪动的地方输入内容“我可以图文混排，还可以插入声音、图片等多媒体资料”。
- 输入完成后回车，让光标在下一行显示，然后执行“插入”→“图片”→“来自文件”命令，插入任意一张图片，如图 1.29 所示。

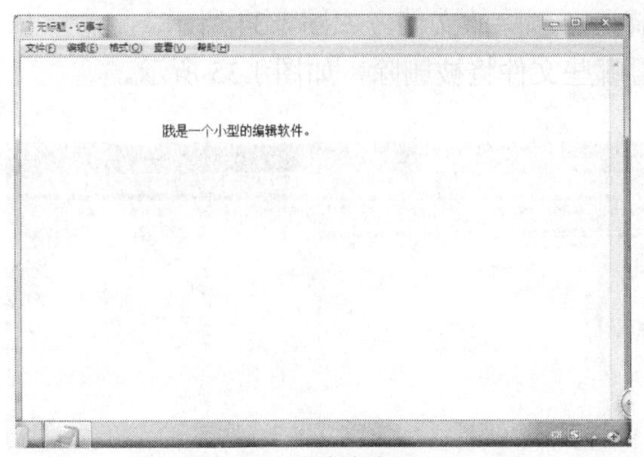

图 1.28　记事本窗口

图 1.29　写字板窗口

7．利用“画图”程序，绘制一个边线为黄色的五角星。

- 执行“开始”→“所有程序”→“附件”→“画图”，打开画图窗口。
- 在“颜色”选项组中选择“黄色”，“形状”选项组的“形状”下拉列表中选择五角星，如图 1.30 所示。
- 利用鼠标拖动的方法在中间画图区域绘制五角星，如图 1.31 所示。

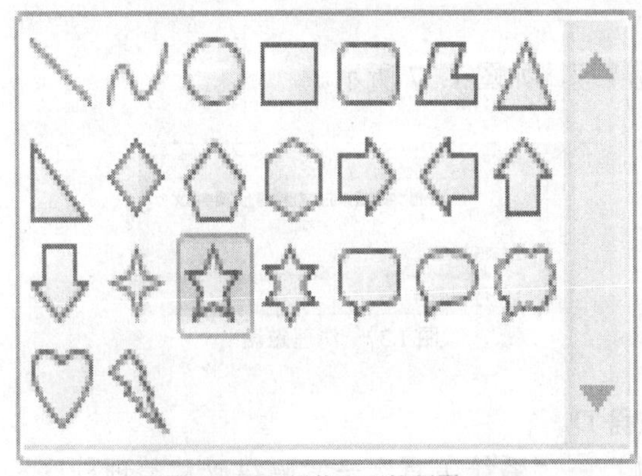

图 1.30　“形状”下拉列表

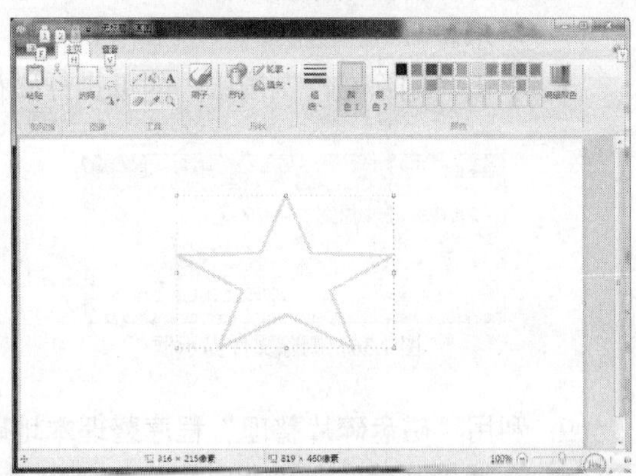

图 1.31　画图窗口

8．利用系统工具中的磁盘清理工具清理本地磁盘 C。

- 选择“开始”→“所有程序”→“附件”→“系统工具”→“磁盘清理”命令，打开“驱动器选择”对话框，如图 1.32 所示。
- 单击驱动器后面的下拉按钮，在下拉列表中选择所需要清理的驱动器，如 C，单击“确定”按钮，如图 1.33 所示。

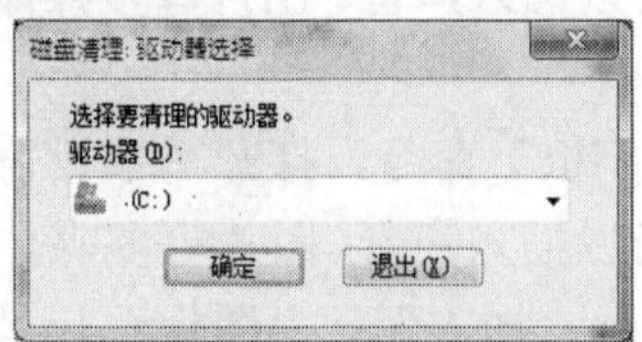

图 1.32　驱动器选择提示框

图 1.33　磁盘清理提示框

- 在 C 盘的“磁盘清理”对话框中，选择所要删除的文件，如图 1.34 所示。
- 单击“查看文件”按钮，可以详细查看哪些文件将被删除，如图 1.35 所示。

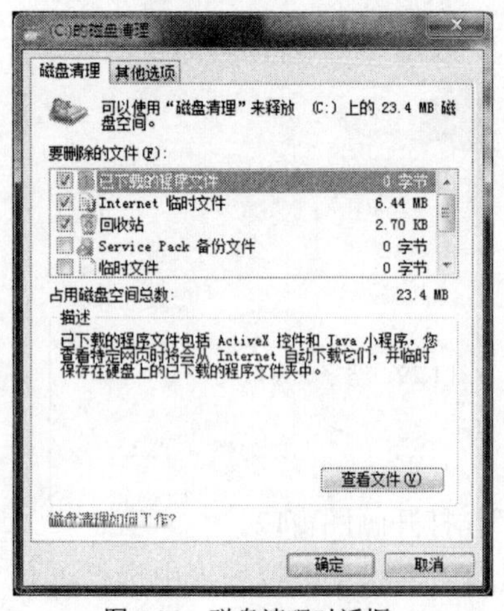

图 1.34　磁盘清理对话框

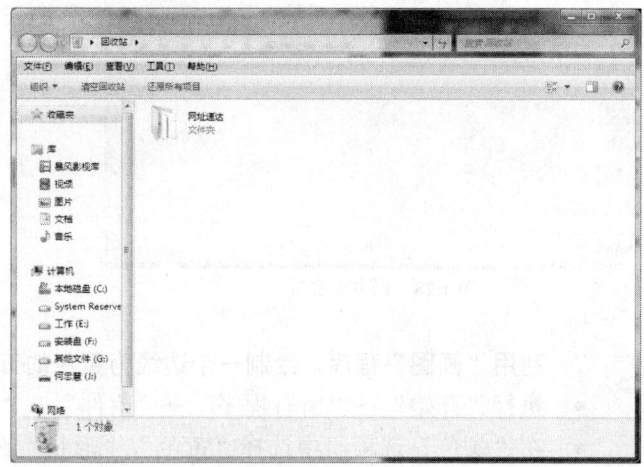

图 1.35　详细文件窗口

- 选择好需要删除的文件后，单击“确定”按钮，会询问是否永久删除文件，如图 1.36 所示。
- 单击“删除文件”按钮，即可执行磁盘清理，如图 1.37 所示。

图 1.36　删除文件提示框

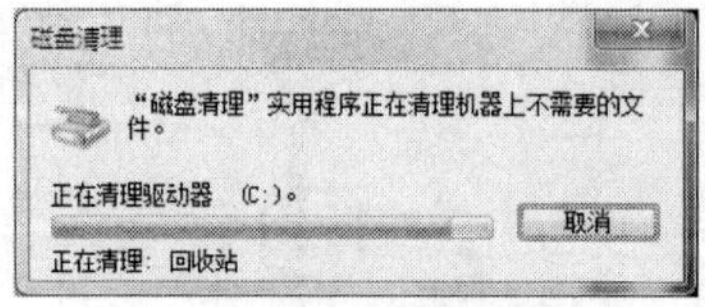

图 1.37　清理磁盘

9．利用“磁盘碎片整理”程序整理本地磁盘 D。

- 选择“开始”→“所有程序”→“附件”→“系统工具”→“磁盘碎片整理程序”命令，打开“磁盘碎片整理程序”窗口，如图 1.38 所示。
- 选择所需要整理的驱动器 D，单击“分析磁盘”按钮。系统会自动分析所选择的驱动器有多少碎片，如图 1.39 所示。
- 分析完成后，单击“磁盘碎片整理”按钮，开始对选中的磁盘 D 进行整理，如图 1.40 所示。

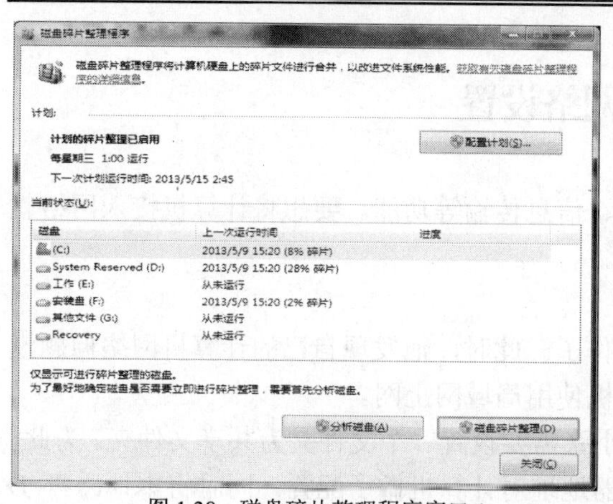

图 1.38　磁盘碎片整理程序窗口 1

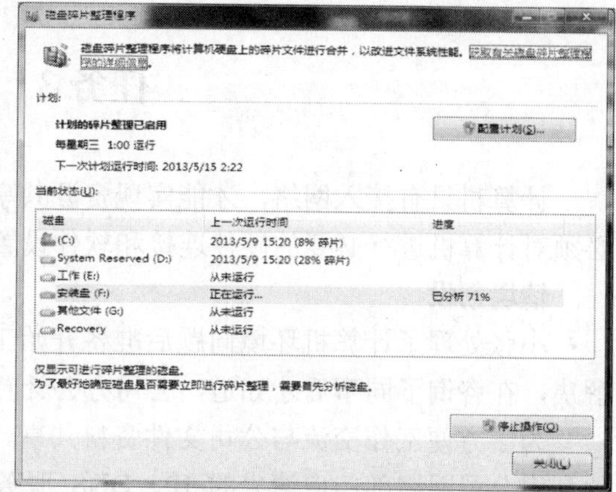

图 1.39　磁盘碎片整理程序窗口 2

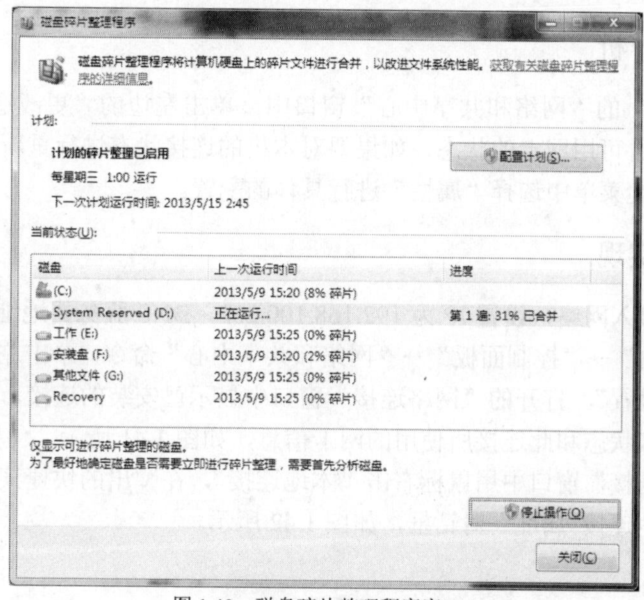

图 1.40　磁盘碎片整理程序窗口 3

1.2.3　课后练习

1. 用计算器进行各种进制转换
2. 将十进制数 1259 转换成二进制。
3. 将八进制数 5376 转换成十进制。
4. 将二进制数 10101100111 转换成十进制。
5. 用画图工具绘制文字“节日快乐”。
6. 查看自己计算机每个磁盘的基本信息，并截图保存。
7. 对 C 盘进行磁盘碎片整理。
8. 将自己喜欢的一首古诗输入到记事本中，并以自己的名字为文件名保存在桌面上。

任务3　网络设置

计算机只有接入网络，才能实现资源共享、信息传输等功能。要想将计算机接入网络就必须对计算机进行必要的硬件连接和软件设置。

情境创设

小张处理了计算机环境问题后准备开始工作了。此时，他发现自己的计算机网络问题没解决，在咨询了同事后才知道，公司办公计算机使用局域网上网。

为了方便工作交流与公司文件资料共享，小张需要设置一个文件夹为共享文件夹。为此，他利用公司网络部门申请来的 IP、DNS 服务器地址对计算机做了配置，同时将本地磁盘 D 中的名为“360Downloads”的文件夹以原文件名设为共享文件夹。

1.3.1　任务分析

在“控制面板”的“网络和共享中心”窗口中，单击左边的“更改适配器设置”，在打开的窗口中可以查看可用网卡的状态，如果要对本机的连接状态进行重新配置，则通过右击“本地连接”，从快捷菜单中选择“属性”进行具体的配置。

1.3.2　任务实现

1．**将计算机接入网络，设置 IP 为 192.168.100.202，DNS 服务器地址为 202.103.24.68。**

- 选择“开始”→“控制面板”→“网络和共享中心”命令，单击左上角列表中的“更改适配器设置”。打开的“网络连接”窗口中显示已安装的连接，每个连接下面显示目前的连接状态和此连接所使用的网卡信息，如图 1.41 所示。
- 在“网络连接”窗口中用鼠标右击“本地连接”，在弹出的快捷菜单中选择“属性”，打开“本地连接 属性”对话框，如图 1.42 所示。

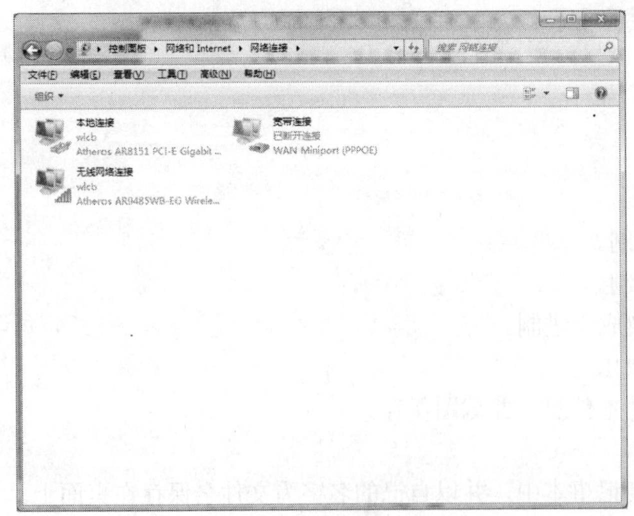

图 1.41　网络连接窗口

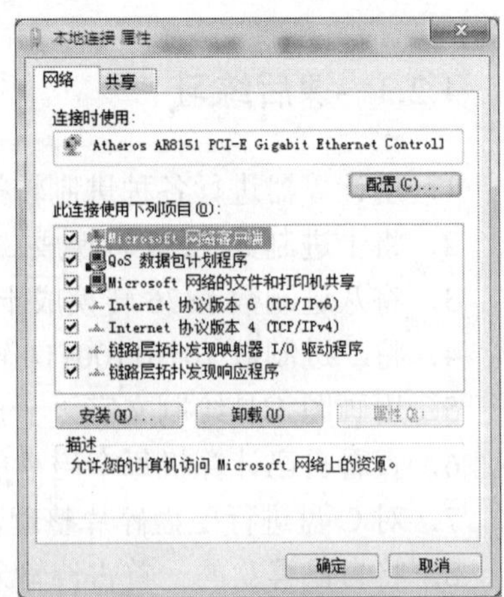

图 1.42　本地连接属性对话框

- 在“此连接使用下列项目”区域中选择“TCP/IPv4”，单击“属性”按钮，打开“Internet 协议版本 4（TCP/IPv4）属性”对话框，如图 1.43 所示。
- 在打开的“Internet 协议版本 4（TCP/IPv4）属性”对话框在对话框中选择“使用下面的 IP 地址”单选项，然后在下面输入 IP：192.168.100.202。
- 选择“使用下面的 DNS 服务器地址”单选按钮，输入 DNS 服务器地址：202.103.24.68 完成 TCP/IP 协议设置，如图 1.44 所示。单击“确定”按钮，完成连接属性设置。

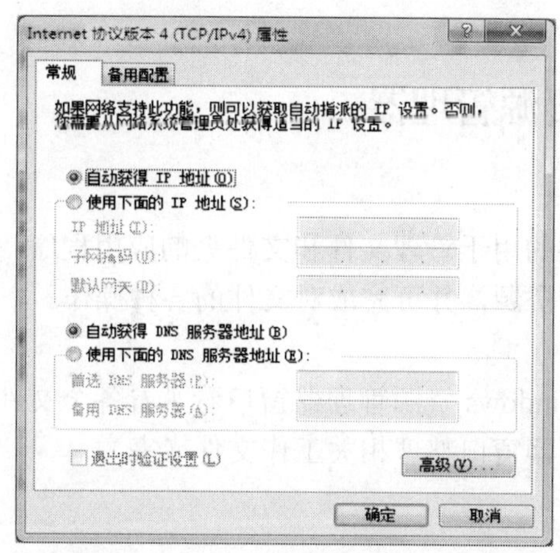

图 1.43　TCP/IPv4 属性对话框 1

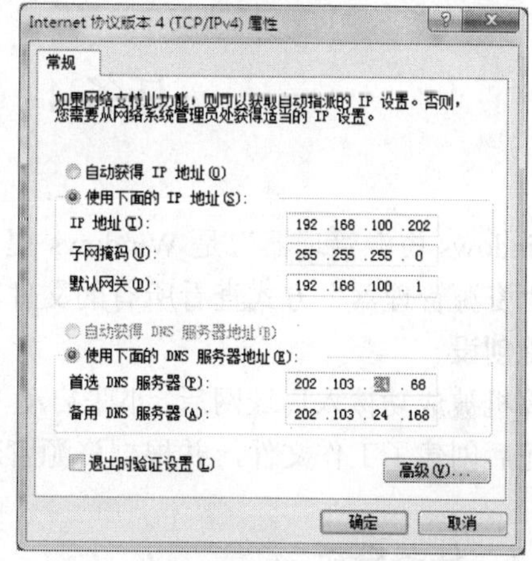

图 1.44　TCP/IPv4 属性对话框 2

2．设置本地磁盘 D 中的名为“360Downloads”文件夹为共享文件夹，以原文件名共享。

- 打开本地磁盘 D，选中名为“360Downloads”的文件夹，右击该文件夹，在弹出的快捷菜单中选择“属性”。
- 在出现的“360Downloads 属性”窗口中切换到“共享”选项卡，如图 1.45 所示。
- 单击“共享”按钮共享名缺省即为原文件夹名。单击“添加”按钮单击“完成”按钮完成共享文件夹，如图 1.46 所示，共享的文件夹如后文图所示：360Downloads。

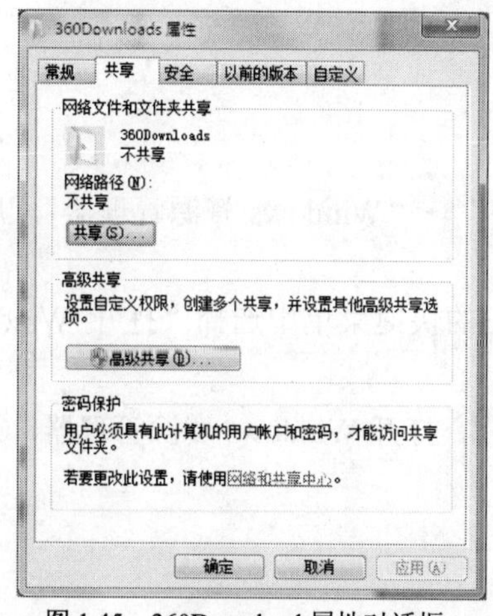

图 1.45　360Download 属性对话框

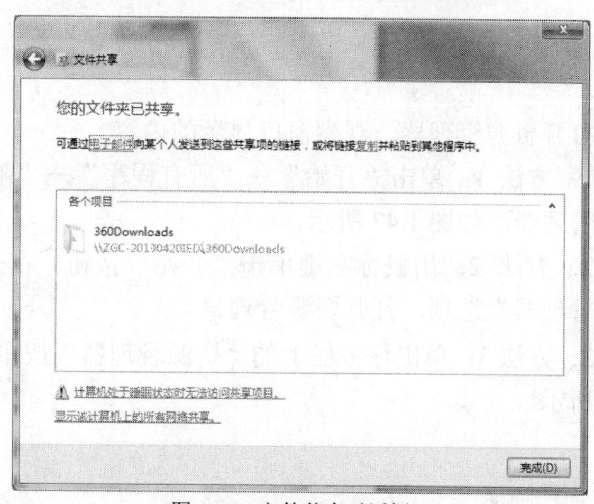

图 1.46　文件共享对话框

1.3.3 课后练习

1．将网线从网卡上拔出或者插入，学会正确的插拔网线。

2．在正确的连接网络后，拔下网线，观察“本地连接”图标的变化，学会诊断网络是否正确连接。

3．正确设置计算机的 IP 地址、DNS 服务器地址。

4．在“我的文档”中新建一个名为“资料”的文件夹，设置该文件夹为共享文件夹。

任务 4　资源管理器

“Windows 资源管理器”是 Windows 提供的用于管理文件和文件夹的应用程序。用户可以利用“资源管理器”方式查看所有的文件和资源，并可完成对文件的各种操作。

情境创设

计算机被成功接入局域网后，小张启动 Windows 资源管理器窗口看了看各个文件夹路径结构。随后创建了工作文件，并根据资源管理器窗口整理相关工作文件（夹）。

1.4.1 任务分析

启动“资源管理器”的方法有 3 种。

1．方法 1：单击任务栏上的“资源管理器”按钮，打开 Windows 资源管理器。

2．方法 2：用鼠标右键单击“开始”，选择“打开 Windows 资源管理器”命令，打开 Windows 资源管理器。

3．方法 3：通过“开始”→“所有程序”→“附件”→“Windows 资源管理器”命令，启动资源管理器。

1.4.2 任务实现

打开资源管理器，观察窗口显示的内容。

1．方法 1：单击“开始”→“所有程序”→“附件”→“Windows 资源管理器”，启动资源管理器，如图 1.47 所示。

2．方法 2：用鼠标右键单击“开始”按钮。在弹出的快捷菜单中选择“打开 Windows 资源管理器”选项，打开资源管理器。

3．方法 3：单击任务栏上的“资源管理器”按钮，打开 Windows 资源管理器，如图 1.48 所示。

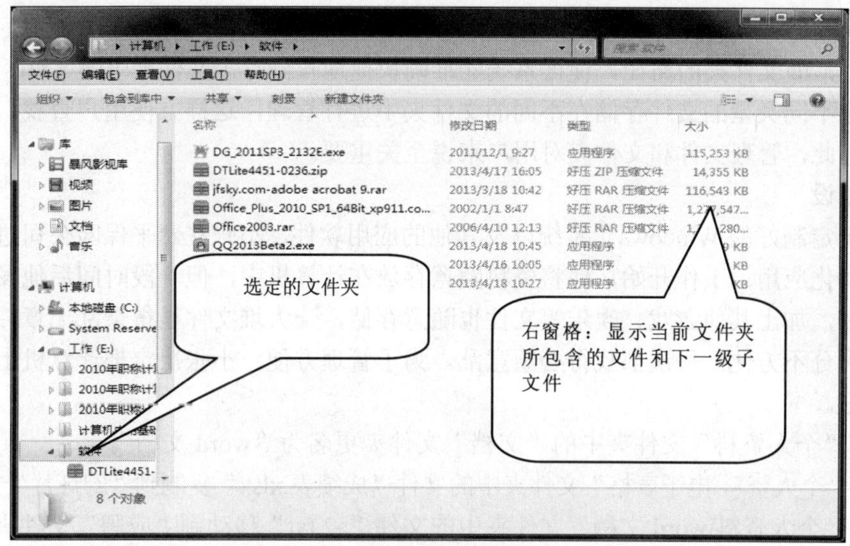

图 1.47　资源管理器窗口 1

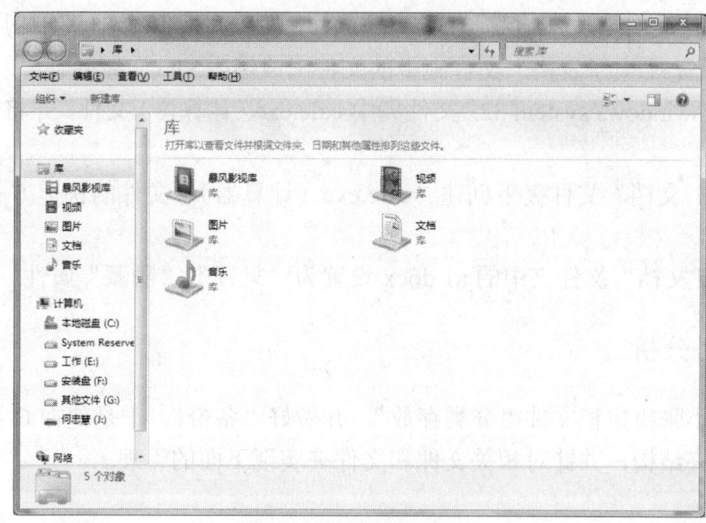

图 1.48　资源管理器窗口 2

1.4.3　课后练习

1．用不同的方法打开“Windows 资源管理器”。

2．在“资源管理器”的文件夹内容窗格中，以不同的方式显示详细内容。

任务 5　文件和文件夹的整理

计算机中的所有信息都是以文件的形式保存在磁盘中的，所谓的文件是指存放在存储介质（如磁盘、磁带、光盘等）上，具有一定的关联性并按某种逻辑方式组织在一起的信息的集合。文件的内容可以是一个可运行的程序、文章、声音等。

文件夹实际上是存储介质中的一块区域，用于存放各类文件和若干子文件夹。每个文件夹均有地址，即文件夹的路径，使得系统能准确快捷地找到存于文件夹中的文件。

通常把不同类型的文件存储在不同的文件夹中进行管理，这样方便用户查找、维护和使用文件。因此，管理文件和文件夹对用户来说至关重要。

情境创设

借助于定制好的 Windows 7 系统以及其他的应用软件，小张在泰平保险公司进行着高效的办公自动化应用。工作开始，他将资料随意存放在计算机中，但一段时间后他发现文件资料越来越多，加上其他游戏、娱乐等文件也随意存储，一大堆文件显得杂乱无章，在工作中使用文件十分不方便，每次都找得心烦意乱。为了管理方便，小张决定把计算机上所有文件都做个整理。

1．将“个人资料”文件夹中的“文档”文件夹更名为“word 文档”。

2．将“个人资料\电子表格”文件夹中的文件“成绩表.xlsx”复制到“幻灯片”文件夹中。

3．将“个人资料\word 文档”文件夹中的文件“a2.txt”移动到“应聘”文件夹中，并将该文件更名为“first.pptx”。

4．将“应聘”文件夹中所有扩展名为.pptx 的文件一次性移动到“幻灯片”文件夹中。

5．将“个人资料\电子表格”文件夹中的文件“成绩表.xlsx”删除。

6．搜索“C：\windows\system 32”文件夹中 cale.exe（计算器）文件，并将其复制到“word 文档”文件夹。

7．在“word 文档”文件夹下创建“cale.exe（计算器）”文件的快捷方式，快捷方式名为“计算器”。

8．将“word 文档”文件夹中的 a1.docx 设置为“只读”、“隐藏”属性。

1.5.1　任务分析

思索良久，小张决定把文件“分类存放”，并做好“备份”，于是他在 C 盘创建如图 1.49 所示的树型文件夹结构，并针对相关文件和文件夹实现下面的管理。

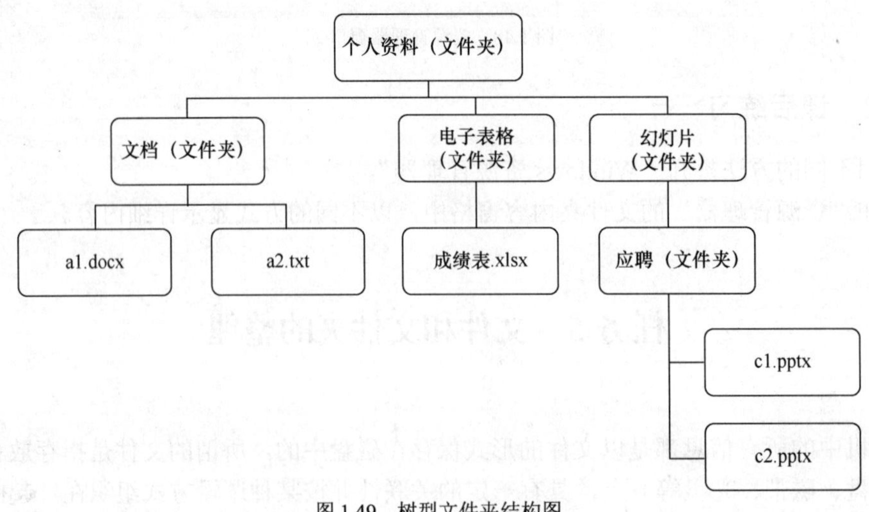

图 1.49　树型文件夹结构图

1．通过“资源管理器”或者“计算机”可以管理文件。在地址栏可以看到当前文件所在的路径。

2．文件或者文件夹在“资源管理器”中可以以不同的方式显示，包括小图标、大图标、列表、平铺等，如图 1.50 所示。

3．文件与文件夹的基本操作包括新建、重命名、复制、移动、搜索、属性设置、删除以及文件夹快捷方式的创建。

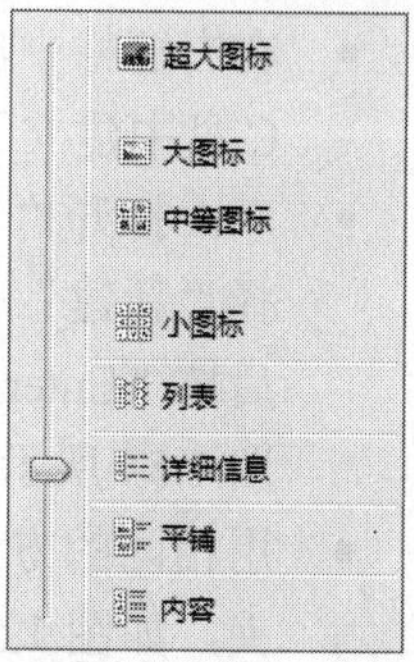

超大图标
大图标
中等图标
小图标
列表
详细信息
平铺
内容

图 1.50　文件图标的查看方式

1.5.2　任务实现

- 用鼠标右键单击“开始”菜单，从弹出的快捷菜单中选择“打开 Windows 资源管理器”，在打开窗口的地址栏上依次选择“计算机”→“本地磁盘（C:）”，打开“本地磁盘（C:）”窗口，如图 1.51 所示。

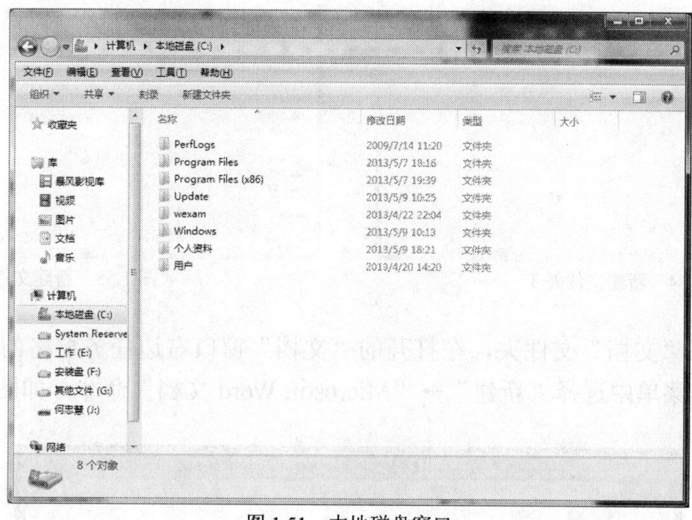

图 1.51　本地磁盘窗口

- 在打开的“本地磁盘（C:）”的窗口右边任务窗格的空白处右击，在弹出的快捷菜单中选择“新建”→“文件夹”命令，如图 1.52 所示。

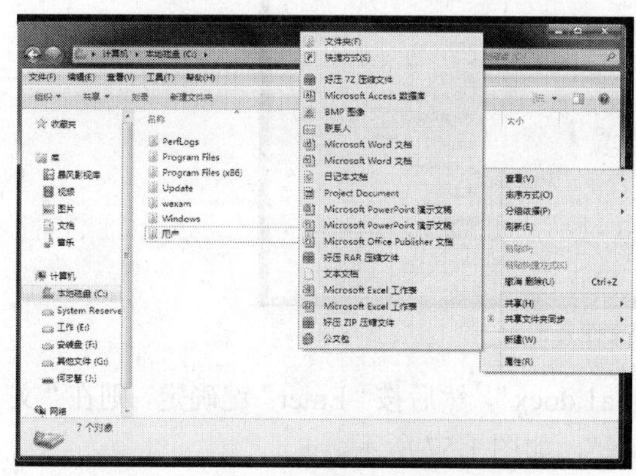

图 1.52　新建文件夹 1

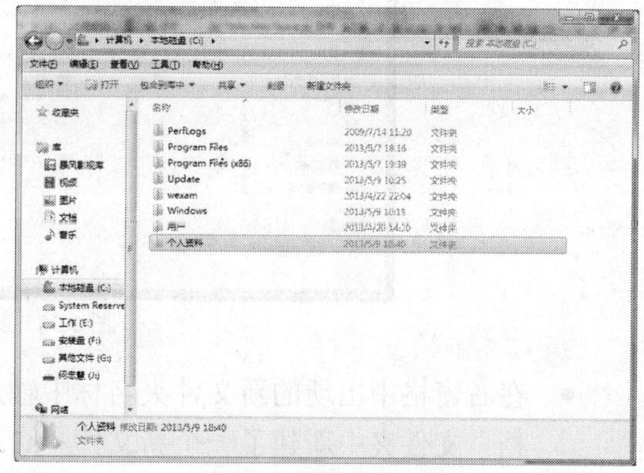

图 1.53　新建文件夹 2

- 在右窗格中出现的新文件夹名称中输入“个人资料”，然后按“Enter”键确定，则在C盘中建立了一个新文件夹“个人资料”，如图1.53所示。
- 双击打开“个人资料”文件夹，右击右边任务窗格空白处，在弹出的快捷菜单中选择“新建”→“文件夹”命令，在右窗格中出现的新文件夹中名称输入“文档”，然后按“Enter”键确定，则在“个人资料”文件夹中新建了一个新文件夹“文档”，如图1.54所示。
- 用相同的方法在“个人资料”文件夹下新建“电子表格”、“幻灯片”两个并列文件夹，如图1.55所示。

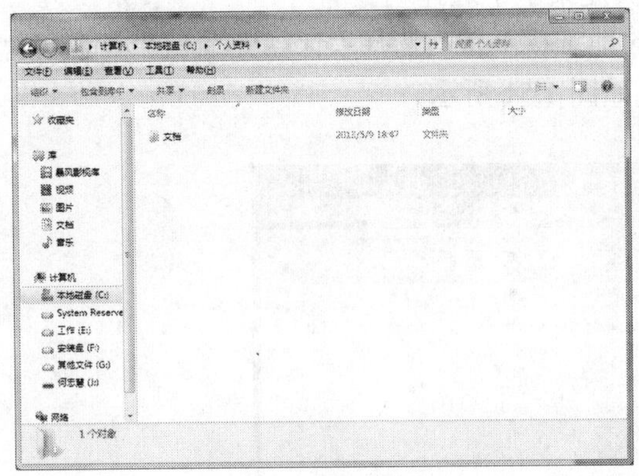

图1.54 新建文件夹3

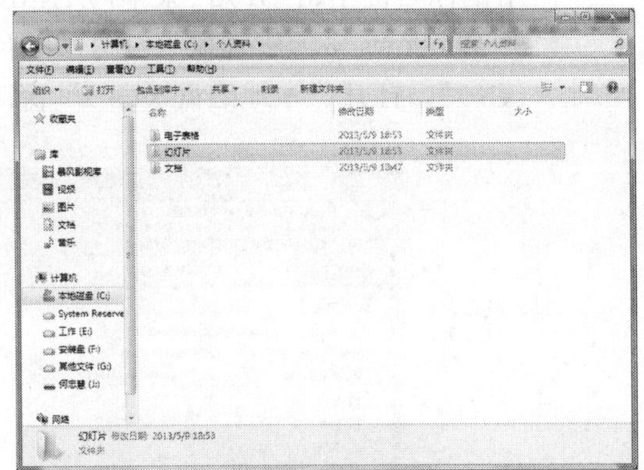

图1.55 新建文件夹4

- 双击打开“文档”文件夹，在打开的“文档”窗口右边任务窗格的空白处右击，弹出的快捷菜单中选择“新建”→“Microsoft Word文档”命令，如图1.56所示。

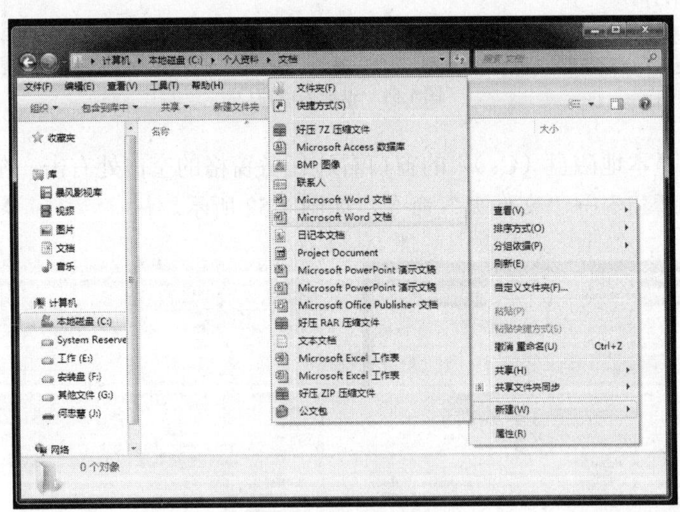

图1.56 新建文件夹5

- 在右窗格中出现的新文件夹名称中输入“a1.docx”，然后按“Enter”键确定，则在“文档”文件夹中新建了一个新文件“a1.docx”，如图1.57所示。
- 继续在“文档”窗口右边任务窗格的空白处右击，在弹出的快捷菜单中选择“新建”→“文本文档”命令，在右窗格中出现的新文件夹名称中输入“a2.txt”，然后按“Enter”键确定，则在“文档”文件夹中新建了一个新文件“a2.txt”，如图 1.58 所示。

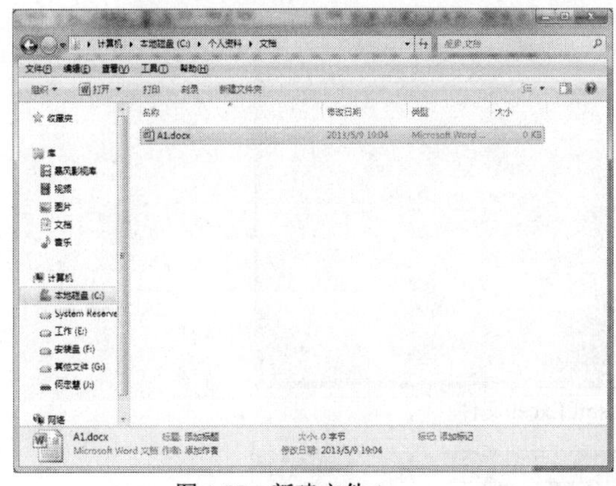

图 1.57 新建文件 1

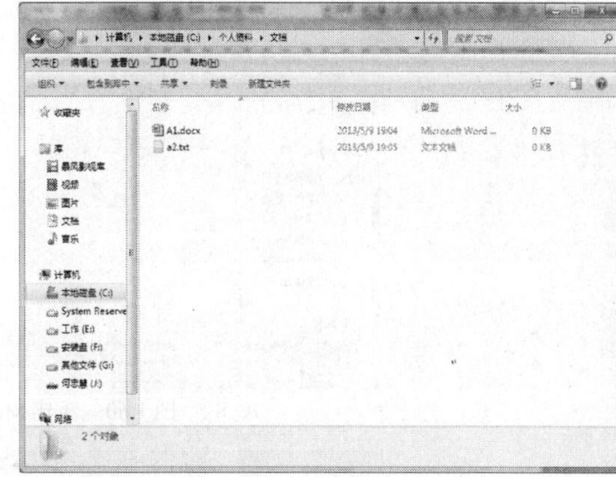

图 1.58 新建文件 2

- 双击打开“电子表格”文件夹，在打开的“电子表格”窗口右边任务窗格的空白处右击，在弹出的快捷菜单中选择“新建”→“Microsoft Excel 工作表”命令，如图 1.59 所示。

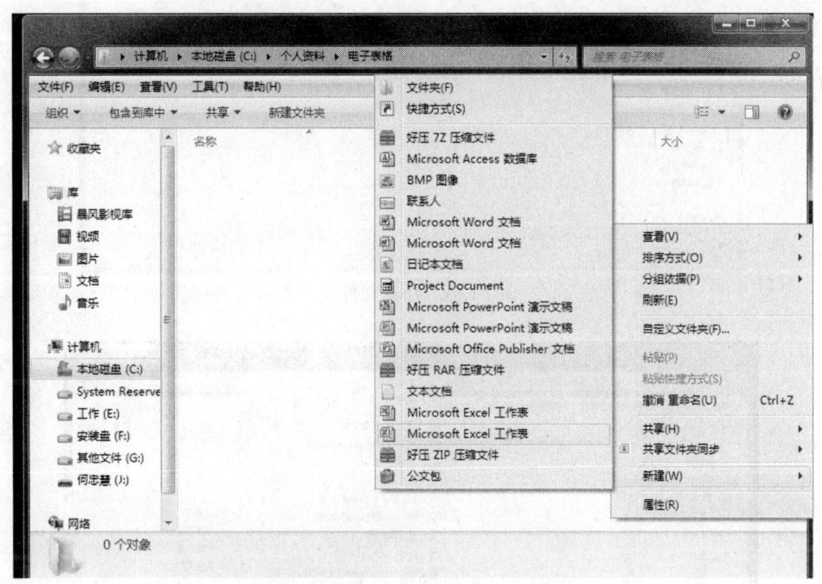

图 1.59 新建 Microsoft Excel 工作表

- 在右窗格中出现的新文件夹名称中输入“成绩表.xlsx”，然后按“Enter”键确定，则在“电子表格”文件夹中新建了一个新文件“成绩表.xlsx”，如图 1.60 所示。
- 参照上面的方法，在“幻灯片”文件夹中新建一个名为“应聘”的文件夹，如图 1.61 所示。
- 双击打开“应聘”文件夹，在打开的“应聘”窗口右边任务窗格的空白处单击鼠标右键，在弹出的快捷菜单中选择“新建”→“新建 Microsoft PowerPoint 演示文稿”命令，如图 1.62 所示。

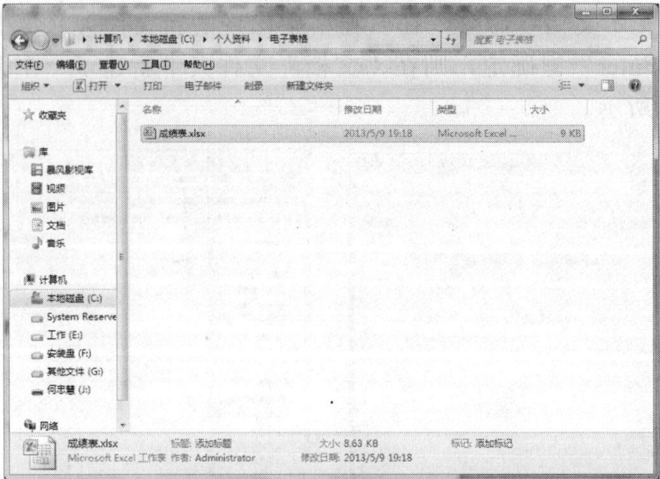

图 1.60　新建 Microsoft Excel 文件

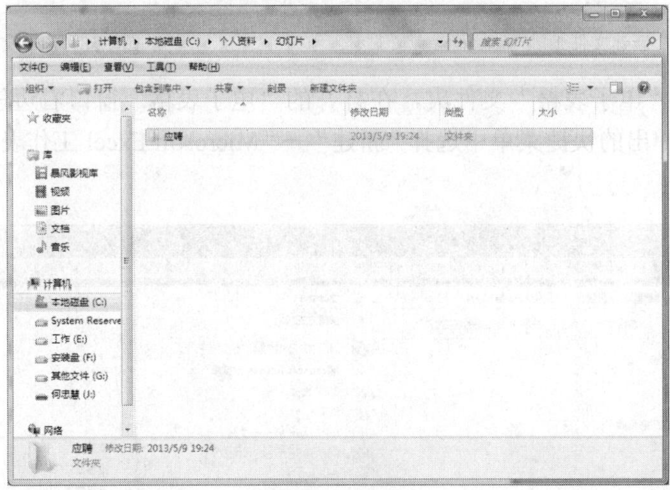

图 1.61　新建文件夹

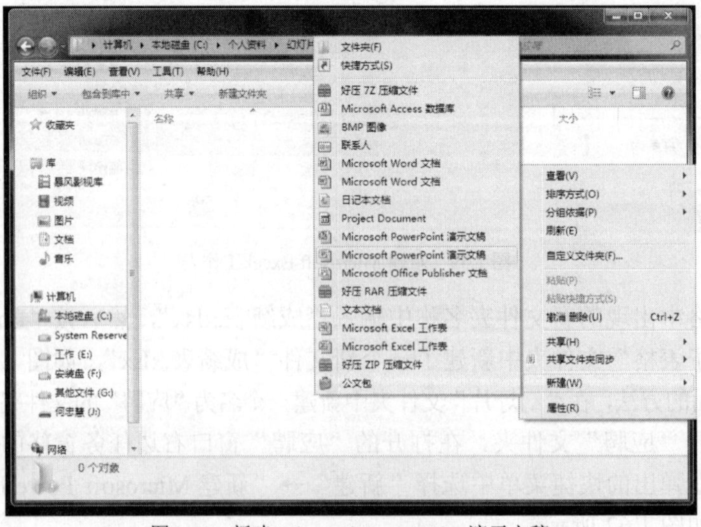

图 1.62　新建 Microsoft PowerPoint 演示文稿

- 在右窗格中出现的新文件夹名称中输入“c1.pptx”，然后按“Enter”键确定，则在“应聘”文件夹中新建了一个新文件“c1.pptx”，用相同的方法在“应聘”文件夹中创建新文件“c2.pptx”，如图 1.63 所示。
- 双击“计算机”，在打开的窗口中单击磁盘 C，打开“本地磁盘（C:）”窗口，双击“个人资料”文件夹，打开“个人资料”窗口，选中“文档”文件夹，右击，在弹出的快捷菜单选择“重命名”，输入文件名“word 文档”，然后按“Enter”键确定，如图 1.64 所示。

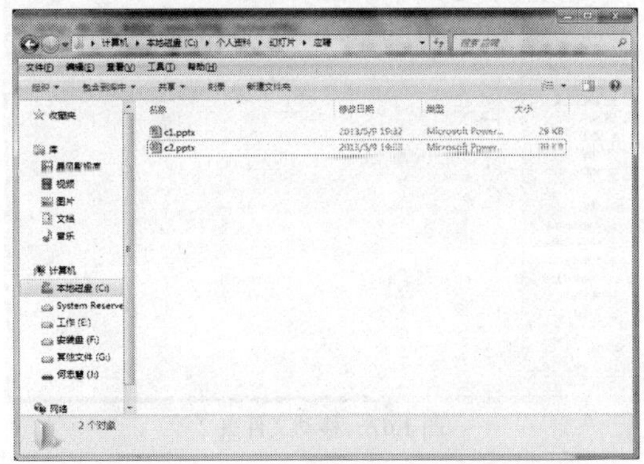

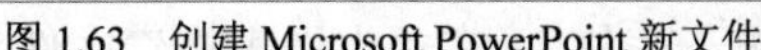
图 1.63　创建 Microsoft PowerPoint 新文件

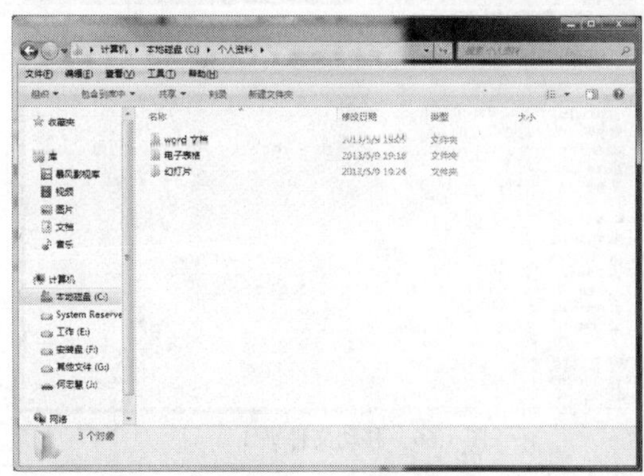

图 1.64　文件夹重命名

- 双击“个人资料”文件夹，打开“个人资料”窗口，在右边任务窗格中选择“电子表格”文件夹并打开，选中“成绩表.xlsx”，用鼠标右键单击，在弹出的快捷菜单中选择“复制”，然后打开“幻灯片”文件夹，在右边任务窗格空白处用鼠标右键单击，在弹出的快捷菜单中选择“粘贴”，完成文件复制，如图 1.65 所示。

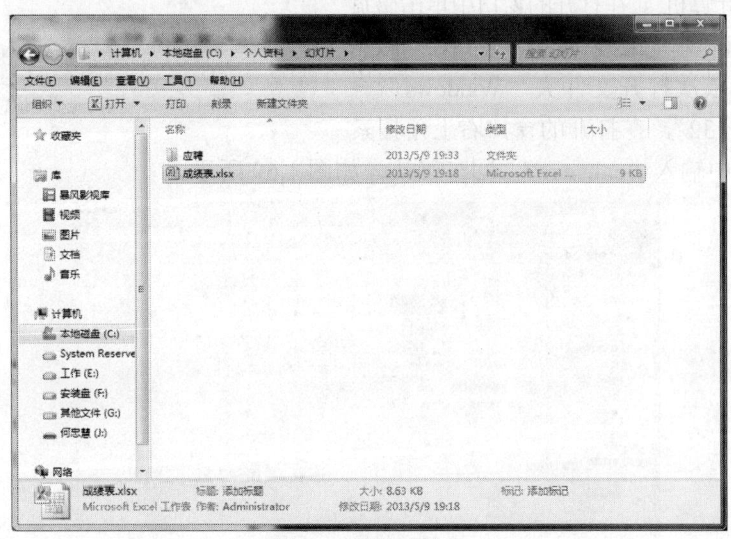

图 1.65　复制文件夹

- 双击“个人资料”文件夹，打开“个人资料”窗口，在右边任务窗格中选择“word 文档”文件夹并打开，选中“a2.txt”，右击，在弹出的快捷菜单中选择“剪切”，然后打开“应聘”文件夹，在右边任务窗格空白处右击，在弹出的快捷菜单中选择“粘贴”，完成文件复制，如图 1.66 所示。

- 打开“应聘”文件夹，在右窗格单击选定“c1.pptx”文件，按住“Ctrl”键不放，再在右窗格中单击 c2.pptx。则所有以.pptx 结尾的文件同时被选中了。选中之后在选中的区域右击，在弹出的快捷菜单中选择“剪切”命令，然后打开“幻灯片”文件夹，在右边任务窗格空白处右击，在弹出的快捷菜单中选择“粘贴”，完成文件移动，如图 1.67 所示。

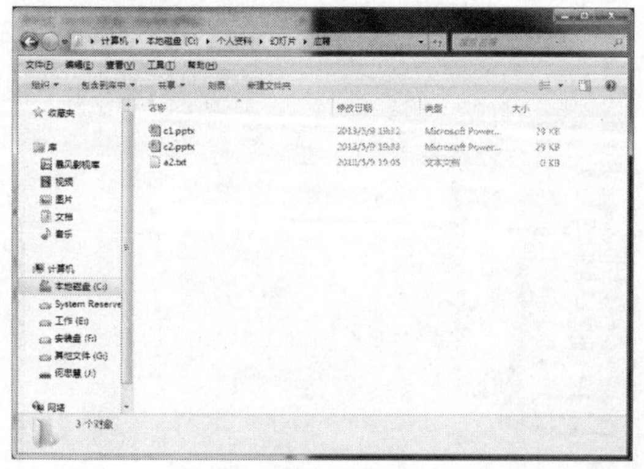

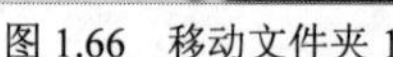

图 1.66　移动文件夹 1

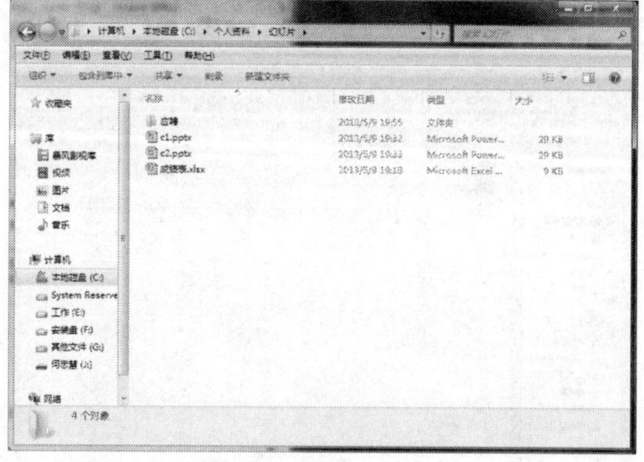

图 1.67　移动文件夹 2

- 用上面的方法打开“个人资料”文件夹中的“电子表格”，在“电子表格”文件夹中选择“成绩表.xlsx”单击鼠标右键，在弹出的快捷菜单中选择“删除”命令，弹出“删除文件”的提示框，单击“是”按钮，即将“成绩表.xlsx”删除，如图 1.68 所示。

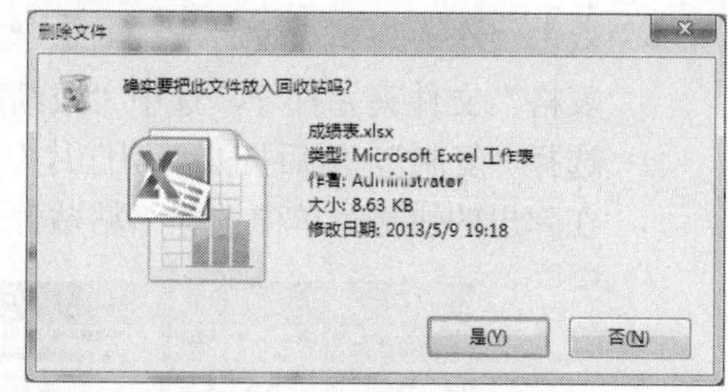

图 1.68　“询问是否删除”提示框

- 双击“计算机”，在打开的窗口中单击磁盘 C，打开“本地磁盘（C:）”窗口，用双击的方法依次打开文件夹“Windows”→“System 32”，在打开的窗口右上角搜索文本框中输入“cale.exe”，回车确认，如图 1.69 所示。

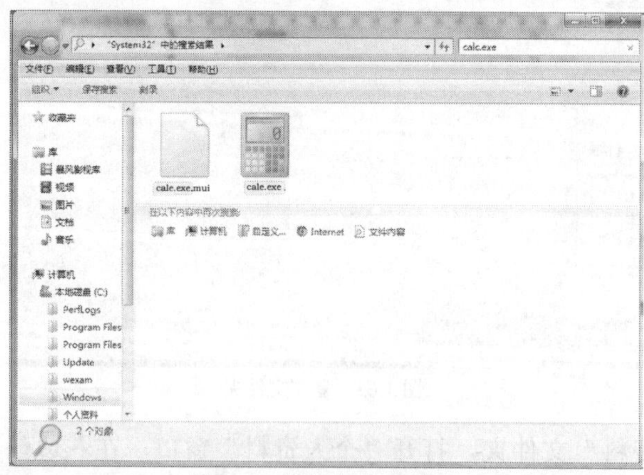

图 1.69　搜索结果显示窗口

- 在“System32”中的搜索结果窗口中选择“cale.exe（计算器）”图标，单击鼠标右键在弹出的快捷菜单中选择“复制”，然后打开“word 文档”文件夹，在右边任务窗格空白处右击，在弹出的快捷菜单中选择“粘贴”，完成文件复制，如图 1.70 所示。

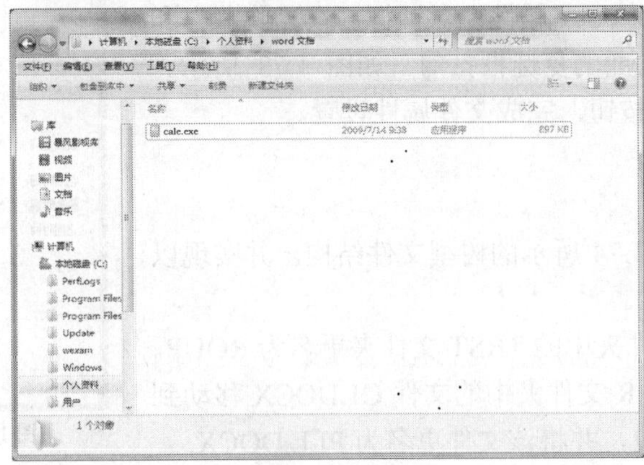

图 1.70　复制文件夹

- 在打开的窗口中选择“cale.exe”图标，右击，弹出的快捷菜单中选择“创建快捷方式”，则在右边任务窗格出现名为“cale.exe”，类型为“快捷方式”的图标，如图 1.71 所示。

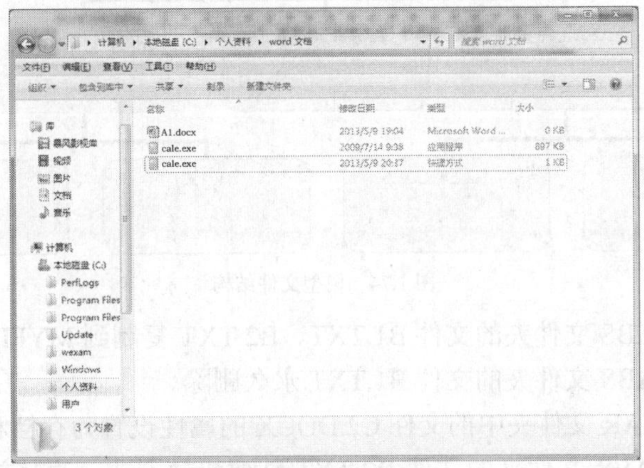

图 1.71　创建快捷方式

- 选中名为“cale.exe”，类型为“快捷方式”的图标，单击鼠标右键在弹出的快捷菜单中选择“重命名”，输入“计算器”回车确认，如图 1.72 所示。

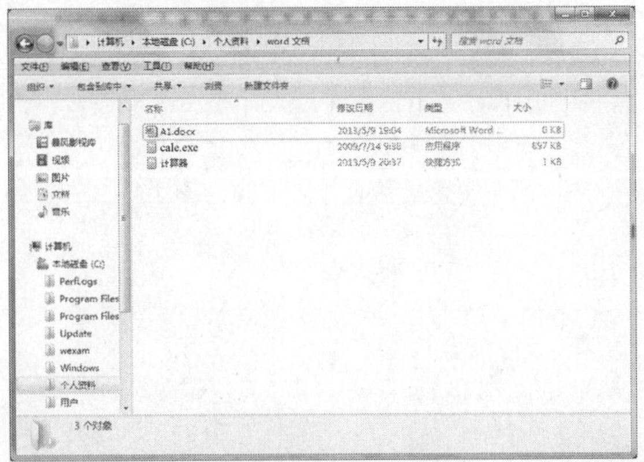

图 1.72　重命名为“计算器”

- 在打开的“word 文档”窗口中选择“A1.docx”图标，单击鼠标右键，在弹出的快捷菜单中选择“属性”，打开“A1.docx 属性”对话框，在“隐藏”和“只读”属性前面的复选框打勾，如图 1.73 所示。单击“确定”按钮，完成文件属性设置。

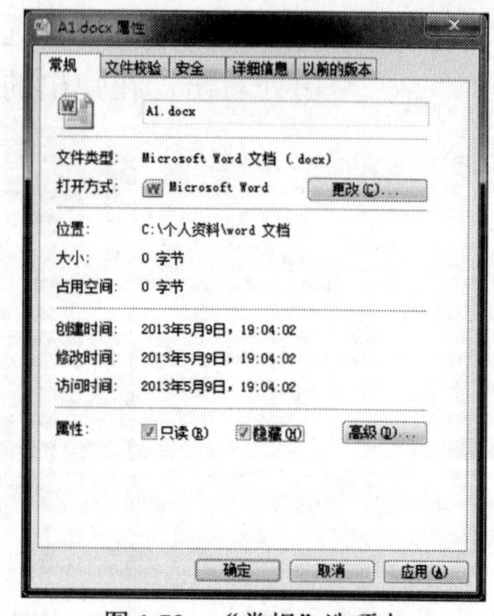

图 1.73 “常规”选项卡

1.5.3 课后练习

在 C 盘创建如图 1.74 所示的树型文件结构，并实现以下文件和文件夹的关联。

1. 将 MYFILE 文件夹中的 TRST 文件夹更名为 ROUP。

2. 将 MYFILE/FAR 文件夹中的文件 C1.DOCX 移动到 MYFILE/ABS 文件夹内，并将该文件更名为 PLL.DOCX.

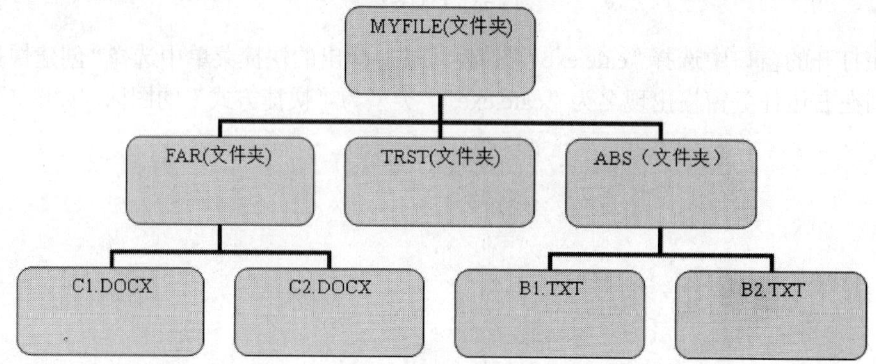

图 1.74 树型文件结构

3. 将 MYFILE/ABS 文件夹的文件 B1.TXT、B2.TXT 复制到 MYFILE/ROUP 中。

4. 将 MYFILE/ABS 文件夹的文件 B1.TXT 永久删除。

5. 将 MYFILE/FAR 文件夹中的文件 C2.DOCX 的属性设置为存档和隐藏。

6. 为 MYFILE/ABS 文件夹的文件 B2.TXT 创建快捷方式，直接放置到 MYFILE 文件夹中。

第2章 办公文档处理

Microsoft Word 2010 提供了世界上最出色的功能，其增强后的功能可创建专业水准的文档，利用它还可更轻松、高效地组织和编写文档，并使这些文档唾手可得。

本章结合某保险公司日常办公文档的实际，分别制作保险单、保险账单、保险年金对账单、保险通知书及保险合同等公文，旨在训练学生能从解决实际文档设置出发，举一反三，熟练掌握一整套的文档设置方法。

任务1　保单制作

情境创设

小张试用期表现不错，领导决定将小张调到业务部工作。小张听说业务部的同事们工作都很认真，部门领导更是精益求精。小张一到业务部报到，部门经理要求他尽快熟悉公司各类保单业务，以及 ISO 内审文件归档。他先从文档的格式调整入手学习。基础文档排版格式如下。

1. 标题、正文的文字设置。字体、字型、字号、段间距、行间距等的设置。
2. 页面设置。纸型，页边距的设置。

2.1.1　任务分析

小张打开原有文件，如图 2.1（a）、图 2.1（b）准备开始编辑，这时，小李告诉小张，要文档能整齐划一，必须先制订出文档统一的排版要求，并将这种排版要求固定下来，应用到以后类似的公文中。于是，小张研究了公司公文的性质和类型，拿出了一整套的文档排版要求，包括字体、字型、字号、编号、字间距、行间距、段间距等。具体要求如下。

1. **标题文字设置**。
   - 四号，宋体，加粗，居中对齐，段前 2 行，段后 1.5 行。
2. **正文文字设置**。
   - 小四号，楷体，左对齐，段前段后各 1 行，行距为固定值 16 磅；落款部分右对齐。
3. **页面设置**。
   - Letter 纸型，页边距为上下 2.5 厘米，左右 3.5 厘米。

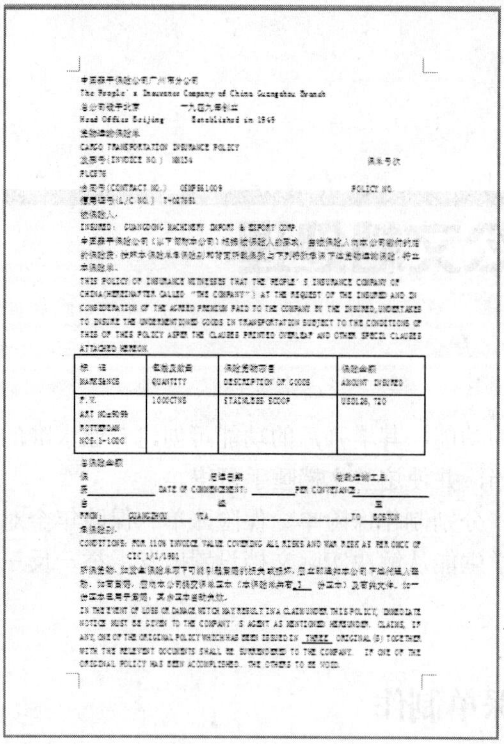

中国泰平保险公司广州市分公司
The People's Insurance Company of China Guangzhou Branch
总公司设于北京　　一九四九年创立
Head Office Beijing　　Established in 1949
货物运输保险单
CARGO TRANSPORTATION INSURANCE POLICY
发票号(INVOICE NO.)　NM134　　保单号次
PLC576
合同号(CONTRACT NO.)　03MP561009　　POLICY NO.
信用证号(L/C NO.)　T-027651
被保险人：
INSURED:　GUANGDONG MACHINERY IMPORT & EXPORT CORP.
中国泰平保险公司（以下简称本公司）根据被保险人的要求，由被保险人向本公司缴付约定的保险费，按照本保险单承保险别和背面所载条款与下列特款承保下述货物运输保险，特立本保险单。
THIS POLICY OF INSURANCE WITNESSES THAT THE PEOPLE'S INSURANCE COMPANY OF CHINA(HEREINAFTER CALLED "THE COMPANY") AT THE REQUEST OF THE INSURED AND IN CONSIDERATION OF THE AGREED PREMIUM PAID TO THE COMPANY BY THE INSURED,UNDERTAKES TO INSURE THE UNDERMENTIONED GOODS IN TRANSPORTATION SUBJECT TO THE CONDITIONS OF THIS OF THIS POLICY ASPER THE CLAUSES PRINTED OVERLEAF AND OTHER SPECIL CLAUSES ATTACHED HEREON.

标　记 MARKS&NOS	包装及数量 QUANTITY	保险货物项目 DESCRIPTION OF GOODS	保险金额 AMOUNT INSURED
F.W. ART NO=9099 ROTTERDAM NOS:1-1000	1000CTNS	STAINLESS SCOOP	USD126,720

总保险金额
保费＿＿＿＿ 启运日期 DATE OF COMMENCEMENT:＿＿＿＿ 装载运输工具 PER CONVEYANCE:＿＿＿＿
自　　经　　至
FROM:＿GUANGZHOU＿ VIA＿＿＿＿＿＿ TO＿BOSTON＿
承保险别：
CONDITIONS: FOR 110% INVOICE VALUE COVERING ALL RISKS AND WAR RISK AS PER OMCC OF CIC 1/1/1981
所保货物，如发生保险单项下可能引起索赔的损失或损坏，应立即通知本公司下述代理人查勘。如有索赔，应向本公司提交保单正本（本保险单共有＿3＿份正本）及有关文件。如一份正本已用于索赔，其余正本自动失效。
IN THE EVENT OF LOSS OR DAMAGE WITCH MAY RESULT IN A CLAIM UNDER THIS POLICY, IMMEDIATE NOTICE MUST BE GIVEN TO THE COMPANY'S AGENT AS MENTIONED HEREUNDER. CLAIMS, IF ANY, ONE OF THE ORIGINAL POLICY WHICH HAS BEEN ISSUED IN ＿THREE＿ ORIGINAL(S) TOGETHER WITH THE RELEVENT DOCUMENTS SHALL BE SURRENDERED TO THE COMPANY. IF ONE OF THE ORIGINAL POLICY HAS BEEN ACCOMPLISHED, THE OTHERS TO BE VOID.

（a）

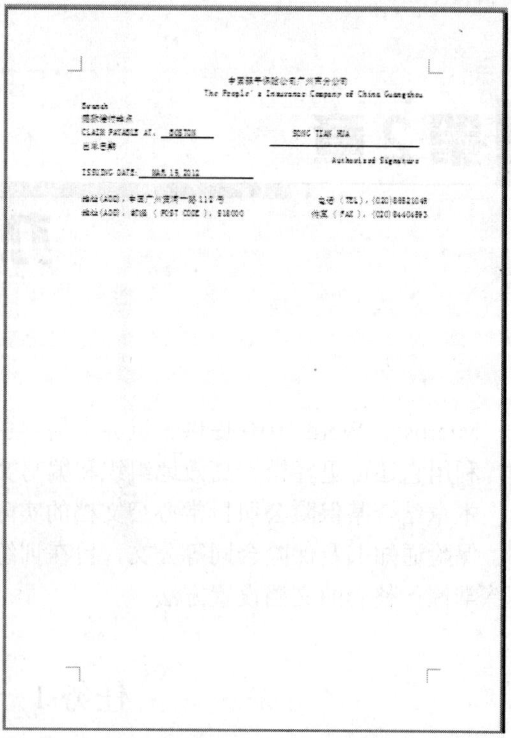

中国泰平保险公司广州市分公司
The People's Insurance Company of China Guangzhou
Branch
赔款偿付地点
CLAIM PAYABLE AT:＿BOSTON＿　　SONG TIAN HUA
出单日期　　Authorized Signature
ISSUING DATE:＿MAR.15,2012＿
地址(ADD)：中国广州黄埔一路112号　　电话（TEL）：(020)88821048
地址(ADD)：邮编（POST CODE）：518000　　传真（FAX）：(020)84404893

（b）

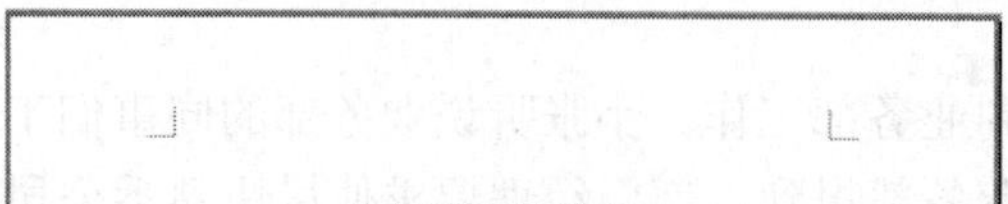

中国泰平保险公司广州市分公司

The People's Insurance Company of China Guangzhou Branch

总公司设于北京　　一九四九年创立

Head Office Beijing　　Established in 1949

货物运输保险单

CARGO TRANSPORTATION INSURANCE POLICY

发票号(INVOICE NO.)　NM134
保单号次　PLC576

合同号(CONTRACT NO.)　03MP561009
POLICY NO.

信用证号(L/C NO.)　T-017651

被保险人：

INSURED:　GUANGDONG MACHINERY IMPORT & EXPORT CORP.

中国泰平保险公司（以下简称本公司）根据被保险人的要求，由被保险人向本公司缴付约定的保险费，按照本保险单承保险别和背面所载条款与下列特款承保下述货物运输保险，特立本保险单。

THIS POLICY OF INSURANCE WITNESSES THAT THE PEOPLE'S INSURANCE COMPANY OF CHINA(HEREINAFTER CALLED "THE COMPANY") AT THE REQUEST OF THE INSURED AND IN CONSIDERATION OF THE AGREED PREMIUM PAID TO THE COMPANY BY THE INSURED,UNDERTAKES TO INSURE THE UNDERMENTIONED GOODS IN TRANSPORTATION SUBJECT TO THE CONDITIONS OF THIS OF THIS POLICY ASPER THE CLAUSES PRINTED OVERLEAF AND OTHER SPECIL CLAUSES ATTACHED HEREON.

（c）

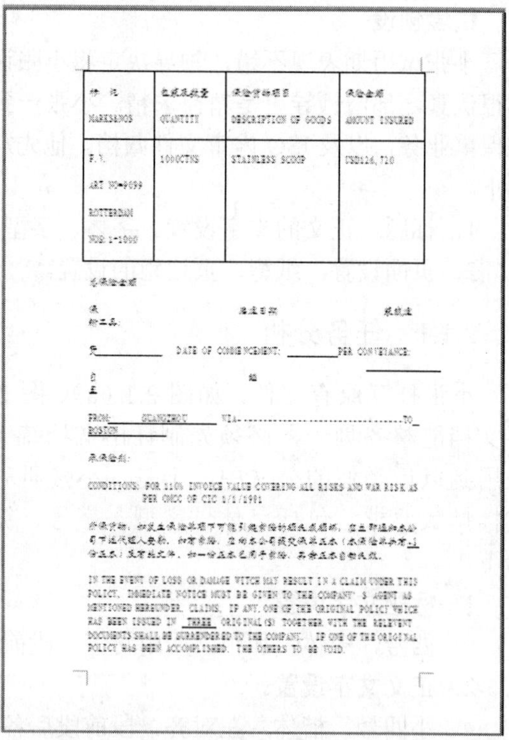

标　记 MARKS&NOS	包装及数量 QUANTITY	保险货物项目 DESCRIPTION OF GOODS	保险金额 AMOUNT INSURED
F.W. ART NO=9099 ROTTERDAM NOS:1-1000	1000CTNS	STAINLESS SCOOP	USD126,720

总保险金额

保费　　启运日期　　装载运输工具：

费＿＿＿＿ DATE OF COMMENCEMENT:＿＿＿＿PER CONVEYANCE:＿＿＿＿

自　　经　　至

FROM:＿GUANGZHOU＿ VIA-------------------TO＿BOSTON＿

承保险别：

CONDITIONS: FOR 110% INVOICE VALUE COVERING ALL RISKS AND WAR RISK AS PER OMCC OF CIC 1/1/1981

所保货物，如发生保险单项下可能引起索赔的损失或损坏，应立即通知本公司下述代理人查勘。如有索赔，应向本公司提交保单正本（本保险单共有＿3＿份正本）及有关文件。如一份正本已用于索赔，其余正本自动失效。

IN THE EVENT OF LOSS OR DAMAGE WITCH MAY RESULT IN A CLAIM UNDER THIS POLICY, IMMEDIATE NOTICE MUST BE GIVEN TO THE COMPANY'S AGENT AS MENTIONED HEREUNDER. CLAIMS, IF ANY, ONE OF THE ORIGINAL POLICY WHICH HAS BEEN ISSUED IN ＿THREE＿ ORIGINAL(S) TOGETHER WITH THE RELEVENT DOCUMENTS SHALL BE SURRENDERED TO THE COMPANY. IF ONE OF THE ORIGINAL POLICY HAS BEEN ACCOMPLISHED, THE OTHERS TO BE VOID.

（d）

图 2.1　保单样文

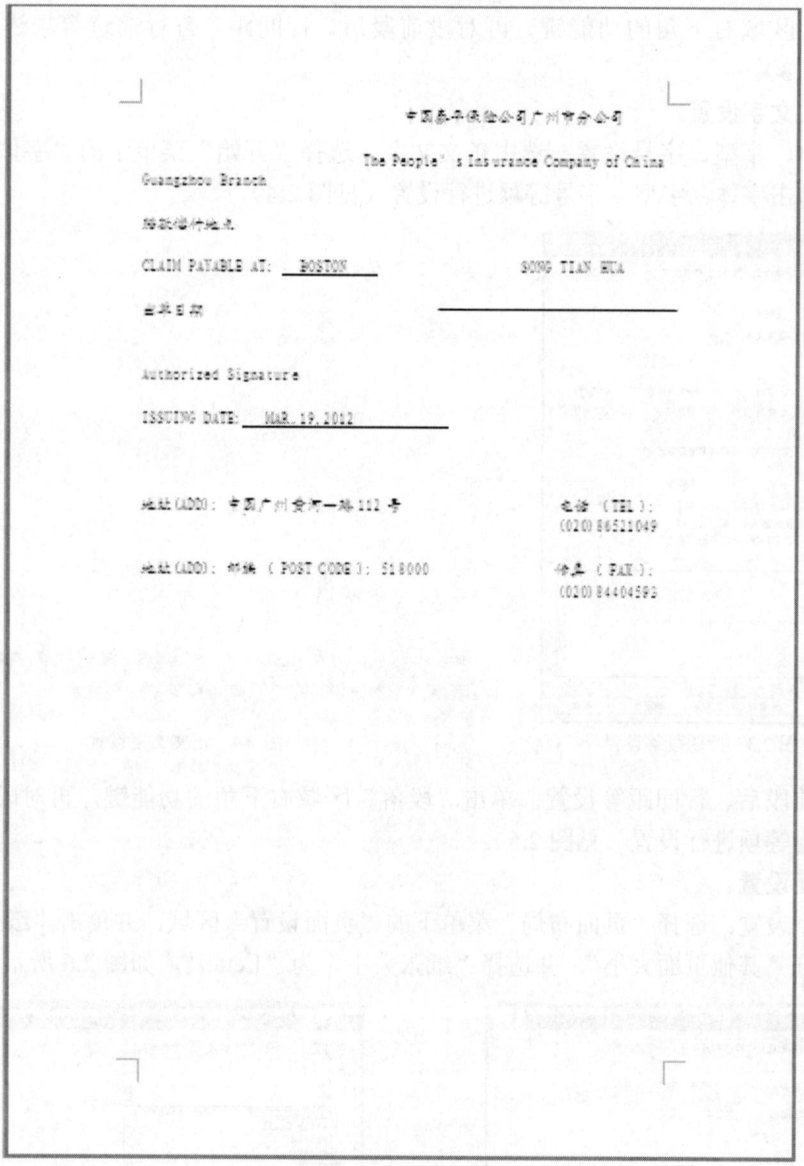

中国泰平保险公司广州市分公司

The People' s Insurance Company of China
Guangzhou Branch

赔款偿付地点

CLAIM PAYABLE AT: BOSTON　　　　SONG TIAN HUA

出单日期

Authorized Signature

ISSUING DATE: MAR. 19, 2012

地址(ADD)：中国广州黄河一路 112 号　　　　电话（TEL）：(020) 86521049

地址(ADD)：邮编（POST CODE）：518000　　　　传真（FAX）：(020) 84404593

（e）

图 2.1　保单样文（续）

小张边学边用，不断地完善自己的排版格式，最后终于制作出一份比较满意的保单文件，如图 2.1（c）～图 2.1（e）所示。

2.1.2　任务实现

1．**标题文字设置。**

- 字体、字型、字号设置：选中标题文字，选择“开始”菜单下的“字体”区域，分别单击字体、字型、字号等项进行设置（见图 2.2）。
- 段前段后、行间距等设置：单击“段

图 2.2　标题文字设置

落”区域右下角的功能键，再对段前段后、行间距、首行缩进等项进行设置（见图 2.3）。

2．**正文文字设置**。

- 字体、字型、字号设置：选中正文文字，选择“开始”菜单下的“字体”区域，分别单击字体、字型、字号等项进行设置（见图 2.4）。

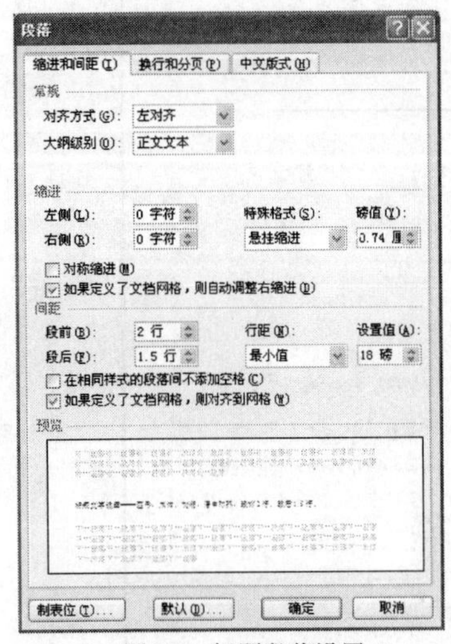

图 2.3　标题段落设置

图 2.4　正文文字设置

- 段前段后、行间距等设置：单击“段落”区域右下角的功能键，再对段前段后、行间距等项进行设置（见图 2.5）。

3．**页面设置**。

- 纸型设置：选择“页面布局”菜单下的“页面设置”区域，并单击“纸张大小”项，找到“其他页面大小”，并选择“纸张大小”为“Letter”，如图 2.6 所示。

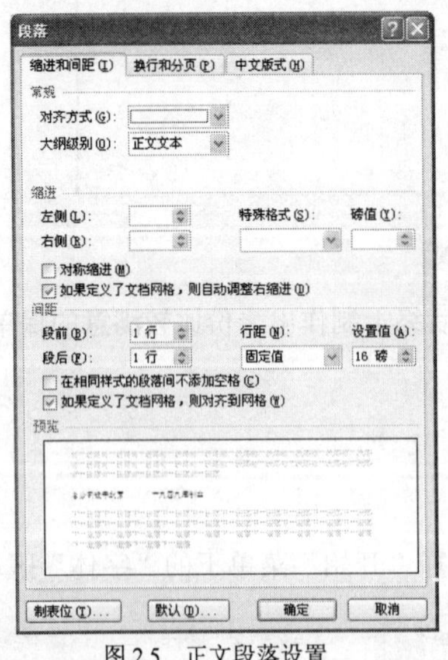

图 2.5　正文段落设置

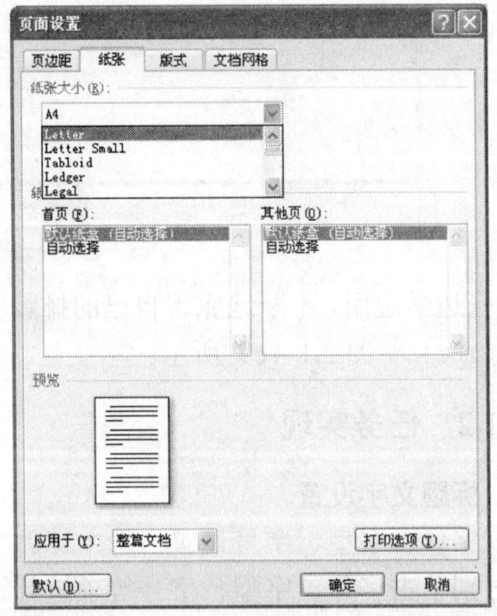

图 2.6　页面设置

- 页边距设置：在“页面设置”对话框中选择“页边距”选项卡，并设置上下、左右边距，如图 2.7 所示。

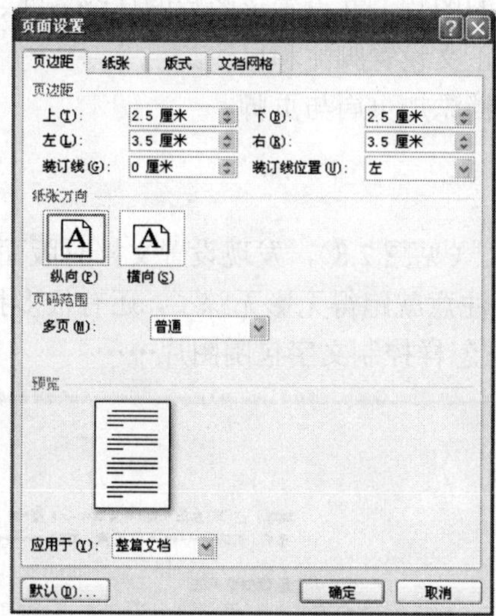

图 2.7　页边距设置

2.1.3　课后练习

按照以下操作要求，完成《2.2 素材.docx》设置。

1．**标题设置**。

- 小四号，楷体，居中对齐，段前段后各 1.5 行，行距为固定值 16 磅。

2．**正文设置**。

- 正文第 1 行文字设置为五号，仿宋体，左对齐，段前段后各 1.25 行，行距为固定值 14 磅。
- 正文的第 1 至第 5 段文字设置为五号，华文仿宋，左对齐，首行缩进 2 字符；段前段后各 1 行，行距距为固定值 12 磅。
- 其中，正文问候语部分分别为“此致”缩进 8 字符，“敬礼”缩进 6 字符，落款部分（即申请人和日期）右对齐。

任务 2　保险市场调查单

情境创设

小张在业务部办公室整理了一段时间的文档后，业务骨干老王叫小张在这几天准备一下推荐会当天需要的保险《市场调查访问表》（原文参见图 2.8），要求突出主题、颜色活泼，能吸引客户的眼球又不失公司的规范性。

需要设置的要求如下。

1．艺术字设置。设置艺术字，选择合适的艺术字样式，包括字体、字型、字号及阴影样式、环绕方式等的设置。

2．分栏设置。添加分栏，设置栏间距，加分隔线。

3．边框和底纹设置。设置底纹，图案式样，颜色并设置边框。

4．插入图片。插入合适的图片，并设置该图片的环绕方式、缩放等。

5．脚注和尾注设置。为正文设置脚注和尾注。

6．页眉页脚设置。给文档添加页眉与页脚。

2.2.1 任务分析

小张仔细研究了一下原文（见图 2.8），发现设置文档时版面上的图片和文字也变得越来越不听话，尤其是图片，稍不注意就跑得无影无踪了，还有很多技术问题不知道如何去解决，如怎样给文章加上艺术边框？怎样控制文字包围图片……

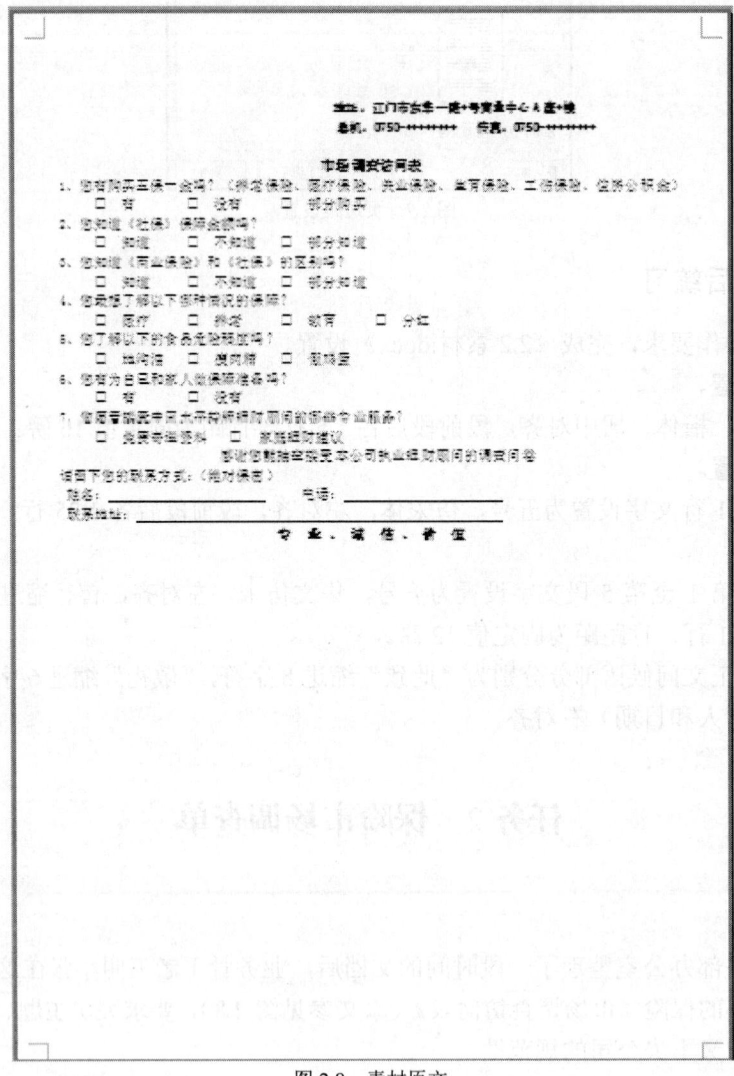

地址：江门市[illegible]+号[illegible]中心A座+楼

总机：0750-++++++++　　传真：0750-++++++++

市场调查访问表

1、您有购买三保一金吗？（养老保险、医疗保险、失业保险、生育保险、工伤保险、住房公积金）

□ 有　□ 没有　□ 部分购买

2、您知道《社保》保障金额吗？

□ 知道　□ 不知道　□ 部分知道

3、您知道《商业保险》和《社保》的区别吗？

□ 知道　□ 不知道　□ 部分知道

4、您最想了解以下哪种情况的保障？

□ 医疗　□ 养老　□ 教育　□ 分红

5、您了解以下的食品危险程度吗？

□ 地沟油　□ 瘦肉精　□ [illegible]

6、您有为自己和家人做保障准备吗？

□ 有　□ 没有

7、您愿意接受中国太平洋保险理财顾问的哪些专业服务？

□ 免费专业资料　□ 家庭理财建议

感谢您能抽空接受本公司执业理财顾问的调查问卷

请留下您的联系方式：（绝对保密）

姓名：＿＿＿＿＿＿　电话：＿＿＿＿＿＿

联系地址：＿＿＿＿＿＿＿＿＿＿＿＿

专 业 、诚 信 、责 任

图 2.8　素材原文

小张整理了一下设置要求如下。

1．**艺术字设置。**

- 设置标题“市场调查访问表”为艺术字，艺术字样式为第 4 行第 4 列；字体为方正舒体；形状为“双波形 1”，阴影为“阴影样式 16”；环绕方式为“四周型”。

2．**分栏设置。**

- 将正文第 2 段、第 3 段设置为两栏格式，第 1 栏宽为 2.05 字符，间距为 2.02 字符，加分隔线。

3．**边框和底纹设置。**

- 为正文最后 3 段设置底纹，图案式样设置为浅色网格，颜色为玫瑰红；为正文最后 3 段设置上下双波浪线边框。

4．**插入图片。**

- 插入图片“2.1.jpg”，设置该图片的环绕方式为“紧密型”，并缩放为 88%，嵌入到文档中相应的位置，如图 2.9 所示。

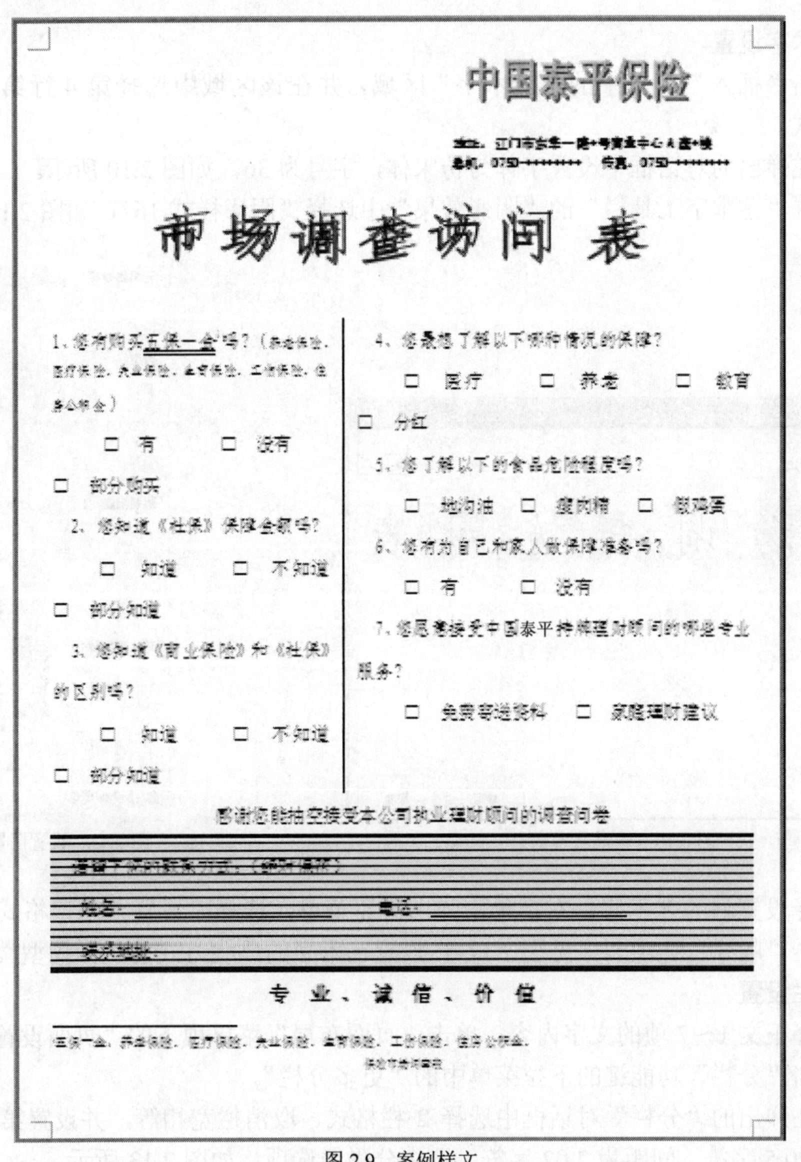

中国泰平保险

地址：江门市东华一路+号商业中心A座+楼
总机：0750-+++++++　传真：0750-+++++++

市场调查访问表

1、您有购买五保一金吗？（养老保险、医疗保险、失业保险、生育保险、工伤保险、住房公积金）

□ 有　□ 没有

□ 部分购买

2、您知道《社保》保障金额吗？

□ 知道　□ 不知道

□ 部分知道

3、您知道《商业保险》和《社保》的区别吗？

□ 知道　□ 不知道

□ 部分知道

4、您最想了解以下哪种情况的保障？

□ 医疗　□ 养老　□ 教育

□ 分红

5、您了解以下的食品危险程度吗？

□ 地沟油　□ 瘦肉精　□ 假鸡蛋

6、您有为自己和家人做保障准备吗？

□ 有　□ 没有

7、您愿意接受中国泰平持牌理财顾问的哪些专业服务？

□ 免费寄送资料　□ 家庭理财建议

感谢您能抽空接受本公司执业理财顾问的调查问卷

姓名：________　电话：________

联系地址：

专业、诚信、价值

三保一金：养老保险、医疗保险、失业保险、生育保险、工伤保险、住房公积金。

图 2.9　案例样文

5. **脚注和尾注设置**。

- 为正文第 1 段第 1 行开头处“五保一金”添加双下画线，并设置脚注为“养老保险、医疗保险、失业保险、生育保险、工伤保险、住房公积金”。

6. **页眉页脚设置**。

- 按照图 2.9（样文）添加页眉与页脚。

小张再次请教李师兄，李师兄告诉他，宣传单的排版关键是要先做好版面的整体设计，也就是所谓的宏观设计，然后再对每个具体细节进行具体排版。李师兄和小张打开待排文档，一起对该文档的内容研究起来……

2.2.2 任务实现

1. **艺术字设置**。

- 单击“插入”菜单中的“艺术字”区域，并在该区域中选择第 4 行第 4 列的字体样式。
- 再在弹出的对话框中设置字体为仿宋体，字号为 36，如图 2.10 所示。
- 设置“艺术字工具栏”的“阴影效果”中选择“阴影样式 16”，如图 2.11 所示。

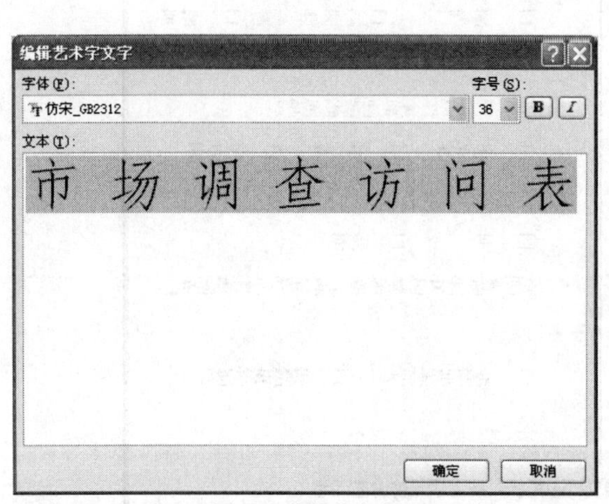

图 2.10　编辑艺术字

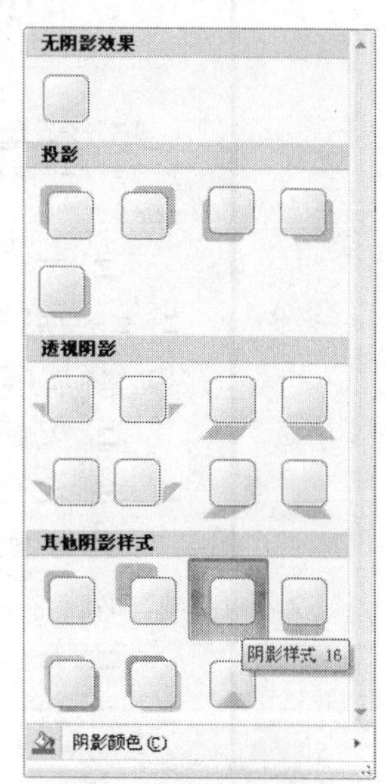

图 2.11　设置阴影效果

- 选择设置好的艺术字，右键单击弹出快捷菜单，选择“设置艺术字格式”对话框，单击“版式”选项卡（见图 2.12），设置艺术字的环绕方式为“四周型”。

2. **分栏设置**。

- 选择正文 1～7 项的文字内容，单击“页面布局”菜单项下的“页面设置”区域，并单击“分栏”功能键的下拉菜单中的“更多分栏”。
- 再在弹出的“分栏”对话框中选择 2 栏格式、取消栏宽相等，并设置第 1 栏的栏宽为 20.5 字符，间距为 2.02 字符，选中分隔线选项，如图 2.13 所示。

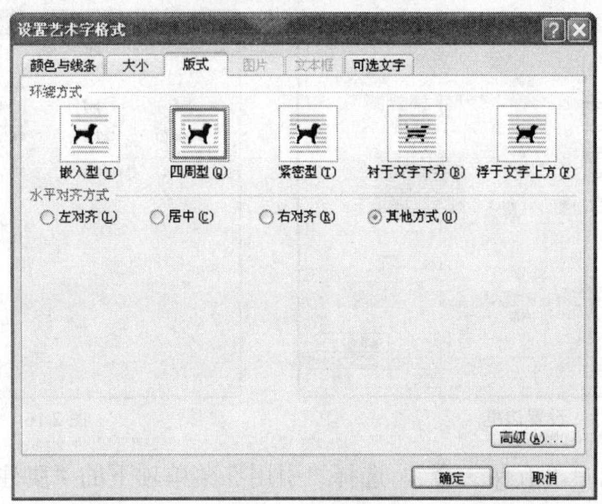

图 2.12　设置版式

3．**边框和底纹设置。**

- 设置底纹：在“页面布局”菜单项下的“页面背景”选项卡中，单击“页面边框”功能键，在弹出的“边框和底纹”对话框中选择“底纹”选项卡，并设置该选项卡中的图案样式为“浅色横线”，如图 2.14 所示。

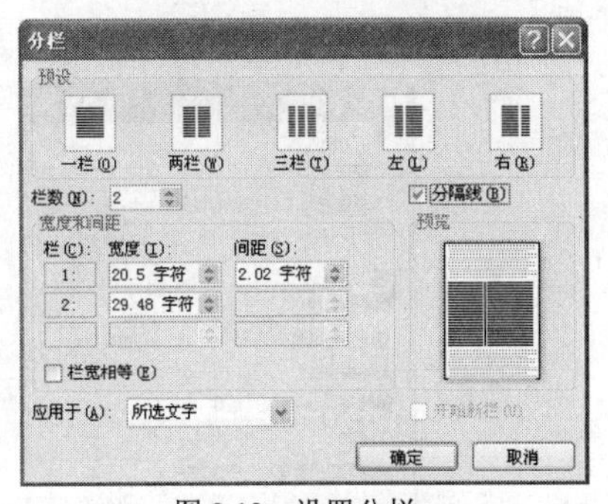

图 2.13　设置分栏

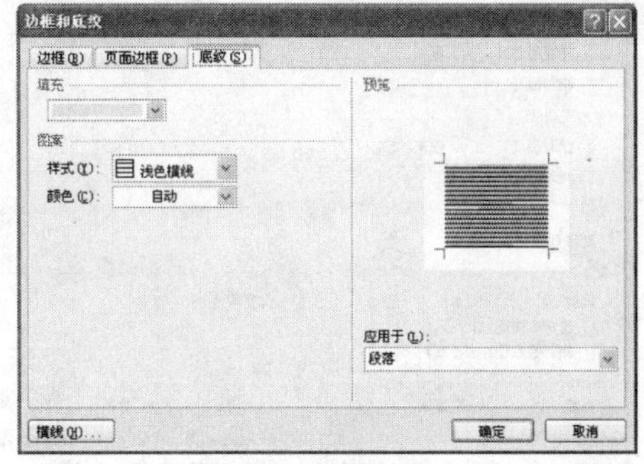

图 2.14　设置底纹

- 设置边框：再选择“边框和底纹”对话框中的“边框”选项卡，设置样式为“双波浪线”，并在“预览”中去掉左、右边线后即可，如图 2.15 所示。

4．**插入图片。**

- 插入图片：单击“插入”菜单，选择“2.1.jpg”插入到正文的右上角。
- 设置图片版式：选中图片单击右键，在弹出的快捷菜单中选择“设置图片格式”选项，并在弹出的“设置图片格式”对话框中选择“版式”选项卡中的“紧密型”，如图 2.16 所示。
- 设置图片大小：在“设置图片格式”对话框中选择“大小”选项卡，并取消“锁定纵横比”和“相对原始图片大小”两个选项，再将“缩放”区的“高度”、“宽度”均修改为 88%，如图 2.17 所示。并将图片放置到图 2.10（案例样文）的位置。

5．**脚注和尾注设置。**

- 添加下画线：选择“开始”菜单项下的“字体”区域中的 U 选项，并设置为“双下画线”。

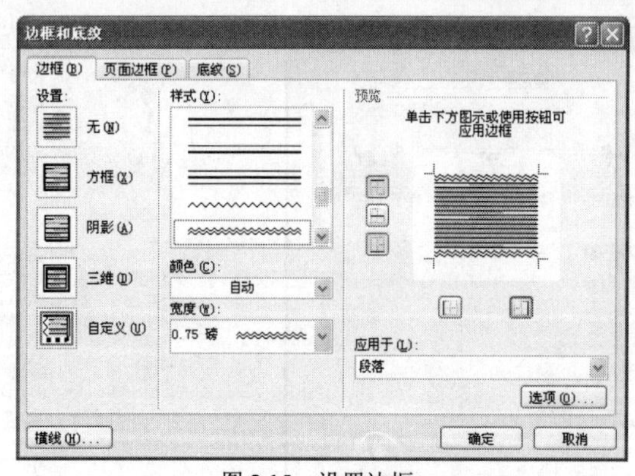

图 2.15 设置边框

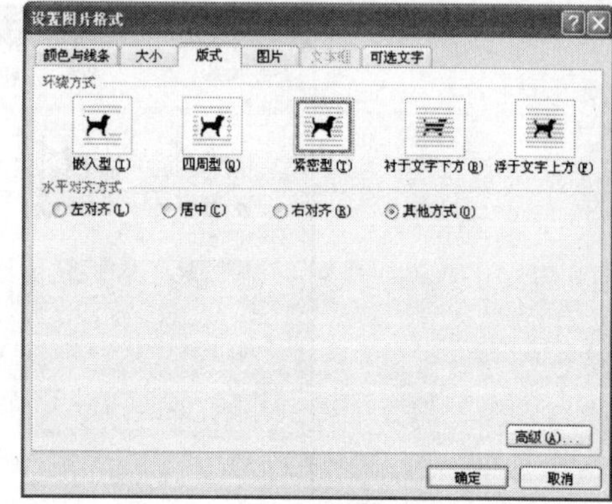

图 2.16 设置版式

- 添加尾注：选中“五保一金”，选择“引用”菜单项下的“脚注”区域的右下角功能键，在弹出的“脚注和尾注”的对话框中选择“尾注”，并单击“插入”，如图 2.18 所示。此时文档光标会自动跳转至文档末尾处，并自动产生编号为“i”。此时即可在“i”编号后键入“五保一金：养老保险、医疗保险、失业保险、生育保险、工伤保险、住房公积金”。

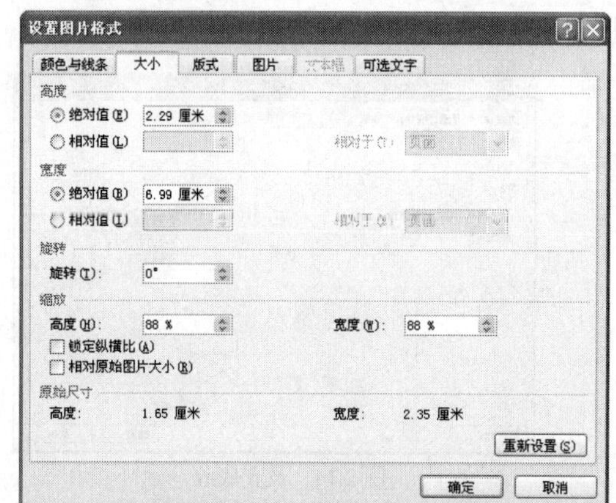

图 2.17 图片大小设置

图 2.18 脚注和尾注设置

（小提示：脚注和尾注的设置被广泛应用于科技文章或报刊、杂志等读物中。在日常工作中掌握脚注和尾注的修改也非常重要，其修改的方法主要分为位置的修改、内容的修改和删除几项：对于脚注和尾注位置的修改直接移动脚注和尾注在文章中的编号即可；内容的修改则可在脚注和尾注输入的位置修改内容，即文章末尾或该页末尾处修改；脚注和尾注的删除可直接去掉脚注和尾注在文章中的编号来完成。这些技巧须在实践中不断练习来加强。）

6．**页眉页脚设置**。

- 选择“插入”菜单项下的“页眉和页脚”区域的“页脚”选项的下拉菜单，如图 2.19 所示，并选择“编辑页脚”打开“页眉和页脚工具”，如图 2.20 所示。此时在页面的底端可直接键入“保险市场调查表”即可，如图 2.21 所示。

（小提示：掌握页眉和页脚的设置也是非常重要的一项排版技能，除了普通的页眉页脚的设置，还要掌握特殊格式的页眉页脚设置，如奇偶页不同的页眉页脚设置和首页不同的页眉页脚的设置等。这些特殊格式的页眉页脚设置将在任务 5 中详细阐述。）

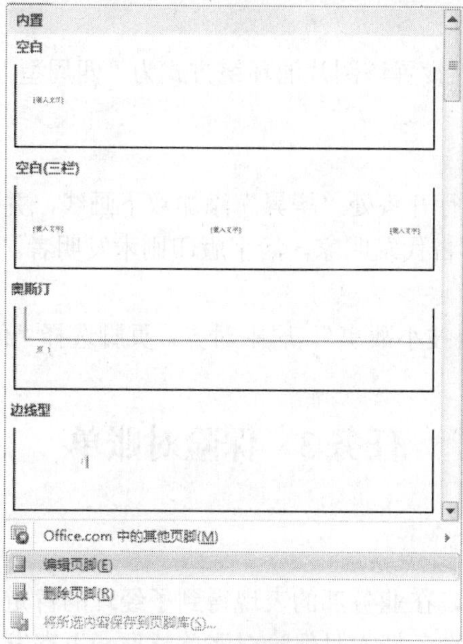

图 2.19　选择编辑页脚

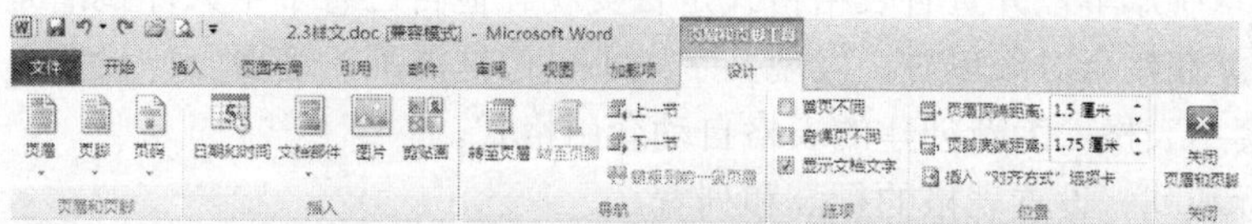

图 2.20　打开页眉和页脚工具

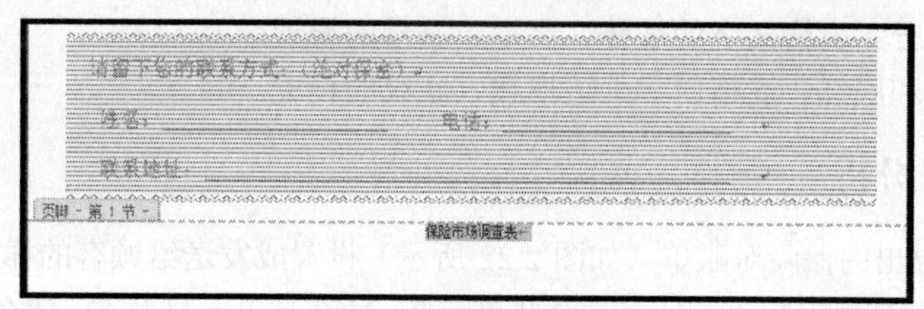

图 2.21　输入页眉页脚

2.2.3　课后练习

根据《素材 2.4.doc》的内容设置。

1．**艺术字**。

- 设置标题“活字印刷术发明者——毕昇”为艺术字，艺术字样式为第 4 行第 4 列；字体为方正舒体；形状为“双波形 1”，阴影为“阴影样式 18”；环绕方式为“四周型”。

2．**分栏**。

- 将正文设置为两栏格式，栏宽为 13.5 字符，间距为 2.02 字符，加分隔线。

3．**边框和底纹设置**。

- 为地址栏设置底纹，图案式样为浅色横线，颜色为玫瑰红；为正文最后 3 段设置上下双波浪线边框。

4．**插入图片。**

- 插入图片“2.2.jpg”，设置该图片的环绕方式为“四周型”，并缩放为70%，嵌入到正文的第1段的中间。

5．**脚注和尾注。**

- 为正文第1段第1行开头处“毕昇”添加双下画线，并设置脚注为“毕升（约970年～1051年），中国古代发明家，活字版印刷术发明者。”

6．**页眉页脚。**

- 添加页眉内容为“科技小故事”，居中对齐，页脚选择“传统型”编号即可，右对齐。

任务3　保险对账单

情境创设

小张工作适应能力很强，在业务部的表现得到了经理的肯定，本月他被评为月度业务明星。今天小张心情不错，他准备把本月保险对账单整理一下寄发出去。他按照工作规范核对了每位客户的系统账单，并查看表格格式是否美观。他自己看了半天才搞清楚这里面的金额是怎么对应的。在核查对账单时，发现文字太小、边框混乱，需要一一设置。

1．自动套用表格。为新创建的表格自动套用格式。

2．表格行和列。设置表格的行高和列宽。

3．合并拆分单元格。根据表格内容的需要分别进行合并、拆分。

4．表格格式分。表格文字的字体、字型、字号的设置。

5．表格边框和底纹。表格内、外边框线，底纹的设置。

2.3.1　任务分析

小张将系统导出的保险对账单（如图2.22所示）设置成发送给顾客的样式（如图2.23所示）。小张在摸索的过程中知道了什么是合并单元格、什么是单元格对齐、什么是表格边框……

具体的操作功能如下。

1．**自动套用表格。**

- 将光标置于文档第1行，创建一个7行5列的表格，并为新创建的表格自动套用“网格型3”的格式。

2．**表格行和列。**

- 表格第1行行高为2.5厘米，其他行行高为1.5厘米，表格中每一列列宽为3厘米。

3．**合并拆分单元格。**

- 参照样文将表格中倒数第1行～第3行中的内容分别进行合并。

4．**表格格式。**

- 将表格标题文字设置为华文隶书，三号，中部居中；将表格第1行文字设置为黑体，加粗，小四号，靠下居中；表格中其他文字设置为华文隶书，小四号，中部居中。

5．**表格边框和底纹。**

- 表格外边框线设置为“双线型”，3磅，绿色；内边框线设置为“虚线型”，1.5彩磅，绿色；底纹，为表格添加如图 2.23 所示的底纹。

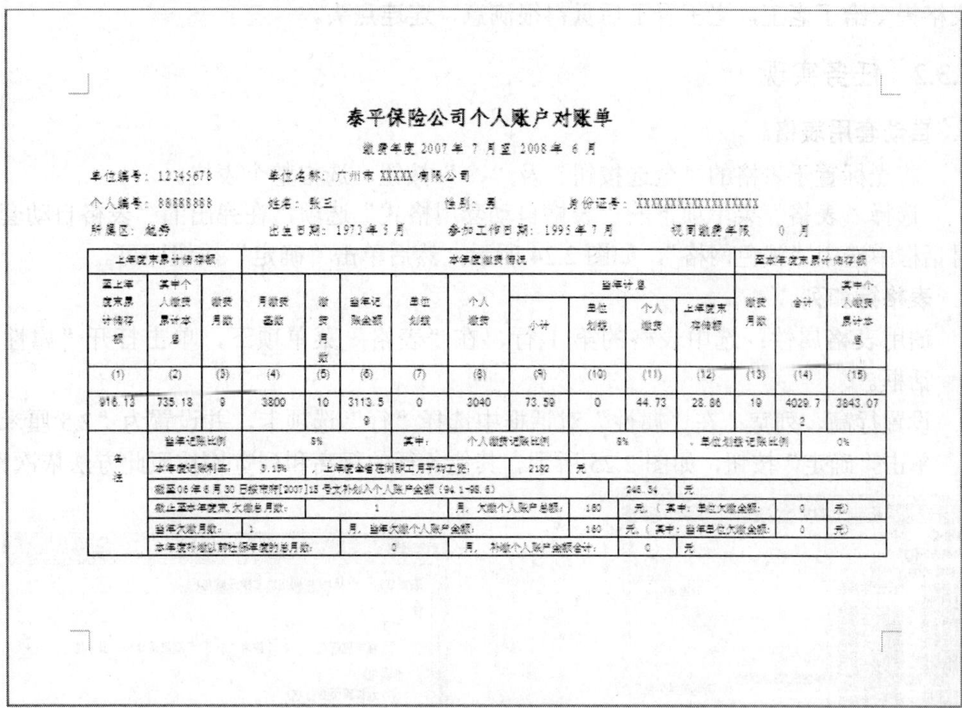

泰平保险公司个人账户对账单

缴费年度 2007 年 7 月至 2008 年 6 月

单位编号：12345678　　单位名称：广州市 XXXXX 有限公司

个人编号：88888888　　姓名：张三　　性别：男　　身份证号：XXXXXXXXXXXXXXXXXX

所属区：越秀　　出生日期：1973 年 5 月　　参加工作日期：1995 年 7 月　　视同缴费年限　0　月

上年度末累计储存额			本年度缴费情况									至本年度末累计储存额		
至上年度末累计储存额	其中个人缴费累计本息	缴费月数	月缴费基数	缴费月数	当年记账金额	单位划拨	个人缴费	当年计息				缴费月数	合计	其中个人缴费累计本息
								小计	单位划拨	个人缴费	上年度末存储额			
(1)	(2)	(3)	(4)	(5)	(6)	(7)	(8)	(9)	(10)	(11)	(12)	(13)	(14)	(15)
916.13	735.18	9	3800	10	3113.59	0	3040	73.59	0	44.73	28.86	19	4029.72	3843.07
备注	当年记账比例		8%			其中：	个人缴费记账比例		8%		，单位划拨记账比例		0%	
	本年度记账利率：		3.15%	，上年度全省在岗职工月平均工资：				2182	元					
	截至06年6月30日按市府[2007]15号文补划入个人账户金额（94.1-98.6）									246.34	元			
	截止至本年度末，欠缴总月数：		1				月，欠缴个人账户总额：		180	元。（其中：单位欠缴金额：			0	元）
	当年欠缴月数：		1		月，当年欠缴个人账户金额：				180	元。（其中：当年单位欠缴金额：			0	元）
	本年度补缴以前社保年度的总月数：				0		月，补缴个人账户金额合计：			0	元			

图 2.22　素材原文

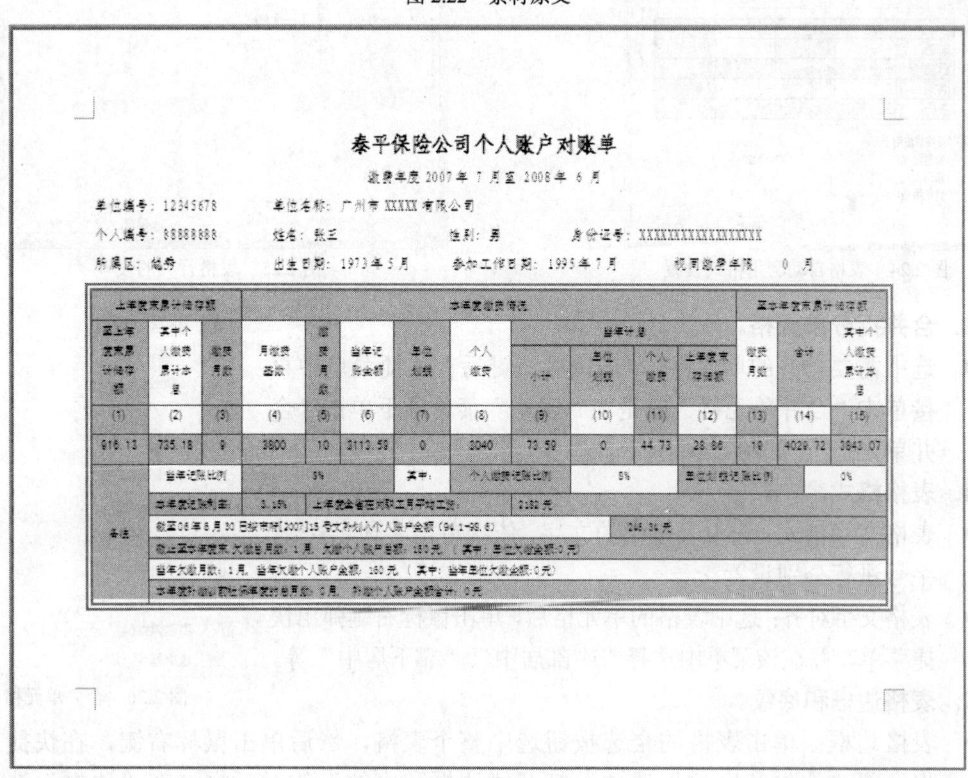

泰平保险公司个人账户对账单

缴费年度 2007 年 7 月至 2008 年 6 月

单位编号：12345678　　单位名称：广州市 XXXXX 有限公司

个人编号：88888888　　姓名：张三　　性别：男　　身份证号：XXXXXXXXXXXXXXXXXX

所属区：越秀　　出生日期：1973 年 5 月　　参加工作日期：1995 年 7 月　　视同缴费年限　0　月

上年度末累计储存额			本年度缴费情况									至本年度末累计储存额		
至上年度末累计储存额	其中个人缴费累计本息	缴费月数	月缴费基数	缴费月数	当年记账金额	单位划拨	个人缴费	当年计息				缴费月数	合计	其中个人缴费累计本息
								小计	单位划拨	个人缴费	上年度末存储额			
(1)	(2)	(3)	(4)	(5)	(6)	(7)	(8)	(9)	(10)	(11)	(12)	(13)	(14)	(15)
916.13	735.18	9	3800	10	3113.59	0	3040	73.59	0	44.73	28.86	19	4029.72	3843.07
备注	当年记账比例		8%			其中：	个人缴费记账比例		8%		单位划拨记账比例		0%	
	本年度记账利率：		3.15%	上年度全省在岗职工月平均工资：				2182 元						
	截至06年6月30日按市府[2007]15号文补划入个人账户金额（94.1-98.6）									246.34 元				
	截止至本年度末,欠缴总月数：1 月，欠缴个人账户总额：180 元。（其中：单位欠缴金额:0 元）													
	当年欠缴月数：1 月，当年欠缴个人账户金额：180 元 （其中：当年单位欠缴金额:0 元）													
	本年度补缴以前社保年度的总月数：0 月，补缴个人账户金额合计：0 元													

图 2.23　案例样文

小张这一天收获很大，通过反复的操作，他找到了很多表格制作的规律，于是他把修饰好的表格提交给了老王，老王看了后觉得很满意，连连点头。

2.3.2 任务实现

1．**自动套用表格**。

- 将光标置于表格的“全选按钮”及“⊞”按钮，选中整个表格。
- 选择“表格”菜单项下的“表格自动套用格式”选项，在弹出的“表格自动套用格式”对话框中选中“浅色网格”，如图2.24所示，然后单击“确定”按钮即可。

2．**表格行和列**。

- 调用表格属性：选中表格的第1行，在“表格”菜单项下，单击打开“属性”对话框。
- 设置行高、列宽：在“属性”对话框中选择“行”选项卡，并设置为“2.5厘米”后单击“确定”按钮，如图2.25所示。其他各行的行高和列宽均按照此方法依次设置。

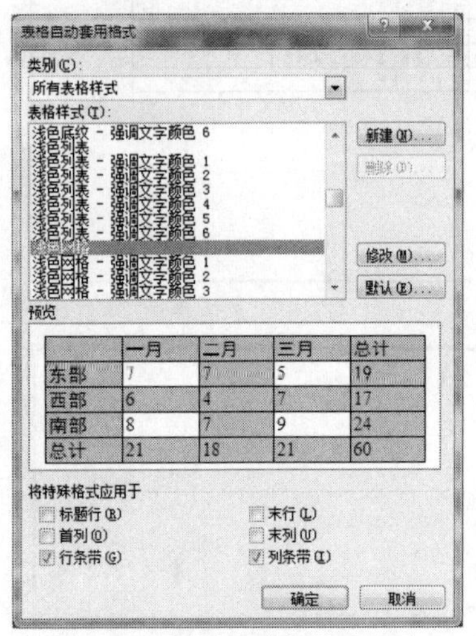

图2.24 表格自动套用格式设置

图2.25 表格行列的设置

3．**合并拆分单元格**。

- 选中需要合并的单元格，单击鼠标右键后在快捷菜单中直接单击“合并单元格”或是在“表格”菜单项下单击“合并单元格”，如图2.26所示。

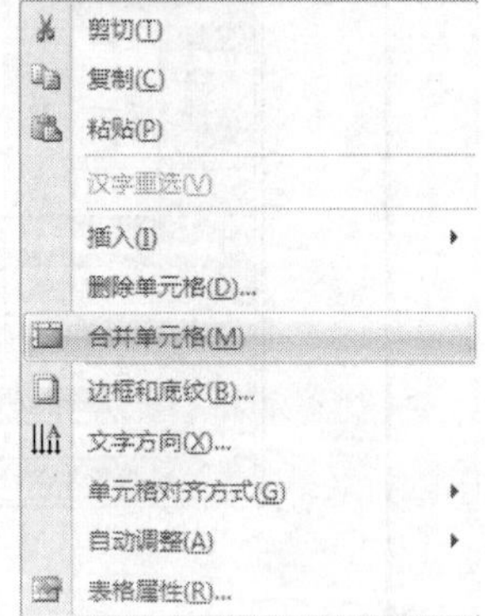

图2.26 合并单元格

4．**表格格式**。

- 表格文字格式：选中表格中的文字，依次单击字体、字型、字号进行分别设置。
- 表格文字对齐：选中表格的单元格后，单击鼠标右键弹出快捷菜单，并在该菜单中选择“中部居中”、“靠下居中”等。

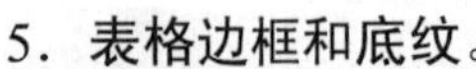

5．**表格边框和底纹**。

- 表格边框：单击表格的全选按钮选中整个表格，然后单击鼠标右键，在快捷菜单中选择“边框和底纹”选项，打开“边框和底纹”的对话框，在“边框”选项卡中设置表格外边框为“双线型”，3磅，绿色；内边框为“虚线型”，1.5磅，红色，如图 2.27 所示。

- 表格底纹：选择“边框和底纹”对话框中的“底纹”选项卡，设置底纹颜色为浅青绿。

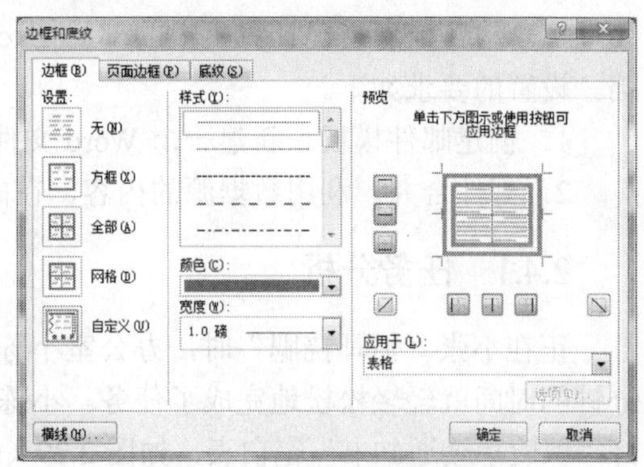

图 2.27　边框和底纹的设置

2.3.3　课后练习

创建“样表 2.1”，并根据“样表 2.1”的内容进行设置，如图 2.28 所示。

1. **自动套用表格**。

- 根据素材创建工作表，并为新创建的表格自动套用“典雅型”的格式。

课程 星期 节	星期一	星期二	星期三	星期四	星期五
第一节	数学	语文	数学	英语	物理
第二节	政治	地理	历史	数学	语文
第三节	英语	数学	语文	体育	数学
第四节	地理	政治	英语	政治	历史
第五节	语文	活动	书法	历史	英语
备注:	隔周周五第四节课为地理				

图 2.28　样表 2.1

2. **表格行和列**。

- 表格第 1 行行高为 2.2 厘米，其他行行高为 1.8 厘米，表格中每一列列宽为 2.6 厘米。

3. **合并拆分单元格**。

- 参照样文将表格内容分别进行合并。

4. **表格格式**。

- 表格标题文字设置为华文隶书，三号，中部居中。
- 表格第 1 行文字设置为黑体，加粗，小四号，靠下居中。
- 表格中其他文字设置为华文隶书，小四号，中部居中。

5. **表格边框和底纹**。

- 表格外边框线设置为“双线型”，2 磅，绿色；内边框线为“虚线型”，1 磅，绿色；为表格添加“样表 2.1”的底纹。

任务 4　保险通知书

情境创设

工作一年后，小张已经成长为业务部的骨干，经理对他也很器重。王经理把小张叫到办公室，一边让他看自己计算机上的部门 Excel 汇总表，一边吩咐他整理保险通知书，以便归档。设置的要求如下。

1．创建邮件模板。新建一个 Word 文件，作为邮件模板。

2．邮件合并。利用数据源的内容，在邮件模板中进行邮件合并。

2.4.1 任务分析

正在小张“抓耳挠腮”时，办公室小陈正好路过，经过小陈的一番指点，小张只花了几分钟的时间就轻轻松松地完成了任务。小陈的方法是什么呢？答案就是：邮件合并。先制作好“保险手续通知书”空白表，如图 2.29（a）所示，运用邮件合并将“客户基本信息表”的数据，如图 2.29（b）所示，合并到“保险手续通知书”中，生成每位客户单独一张的通知书，如图 2.29 所示。

具体操作要求如下。

1．**创建邮件模板。**

- 新建一个 Word 文件，作为邮件模板，并保存为“2.6 素材.docx”。

2．**邮件合并。**

- 利用“2.6 素材.xls”的内容作为数据源邮件模板，进行邮件合并，并将合并后的文档保存为“2.6 样文.docx”。

图 2.29（c）～图 2.29（e）所示是合并后的结果（由于函件有很多页，我们列出了前 3 页内容）。

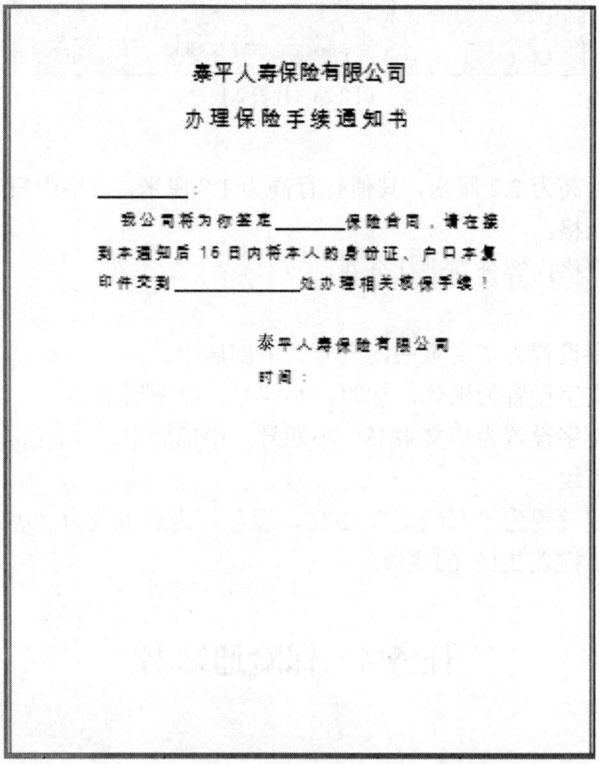

泰平人寿保险有限公司

办理保险手续通知书

________：

我公司将为你签定________保险合同，请在接到本通知后 15 日内将本人的身份证、户口本复印件交到________________处办理相关投保手续！

泰平人寿保险有限公司

时间：

（a）

图 2.29　案例样文

泰平保险有限公司客户基本信息表

合同编号	客户姓名	性别	身份证号	合同性质	籍贯	签订时间	签订地点	联系方式
H001	朱培宪	男	320527198504010000	红星人寿保险	湖北武汉	2011.5	人寿项目部	13876420211
H002	秦宝欣	男	320528198509210000	洪福两全保险	湖北武汉	2011.5	两全保险部	13876420018
H003	尤　岸	男	320529196908260000	洪福两全保险	湖北襄阳	2008.9	两全保险部	13176420064
H004	许万堂	男	320530196407220000	红星人寿保险	湖北襄阳	2012.11	人寿项目部	18376420011
H005	何宏璟	男	320531197711080000	洪福两全保险	湖北襄阳	2010.5	两全保险部	13764200119
H006	吕鹤玲	女	320532197410250000	福兴理财保险	湖北大悟	2010.11	理财规划部	13886420010
H007	施小龙	男	320533198206260000	福兴理财保险	湖南常德	2011.7	理财规划部	13876420011
H008	张　铁	男	320534198507050000	福兴理财保险	湖南浏阳	2011.6	理财规划部	13776420011
H009	孔昭保	男	320535197712080000	福兴理财保险	湖北黄冈	2010.3	理财规划部	13886420010
H010	曹　晟	男	320536198010050000	洪福两全保险	河南南阳	2009.8	两全保险部	13886423346
H011	严兴钰	男	320537198810080000	福兴理财保险	河南新乡	2011.7	理财规划部	13776042002
H012	华晓峰	男	320538199003080000	洪福两全保险	河南平顶山	2012.3	两全保险部	18326420029
H013	金治明	男	320539197306030000	洪福两全保险	湖北襄阳	2008.3	两全保险部	13876420231
H014	魏玉祥	男	320540198611150000	洪福两全保险	河南平顶山	2012.6	两全保险部	18337642001
H015	陶少敏	女	320541198702180000	洪福两全保险	广东潮州	2008.1	两全保险部	87769993
H016	搜联安	女	320542196403120000	红星人寿保险	河南南阳	2011.7	人寿项目部	13176420872
H017	张成敏	男	320527197504010000	红星人寿保险	广东揭阳	2012.3	人寿项目部	13886423346
H018	王绿春	女	320528198509210000	洪福两全保险	河南南阳	2011.5	两全保险部	87920641
H019	陶俊伟	男	320529196908260000	洪福两全保险	广东江门	2009.1	两全保险部	13876420016
H020	魏治业	男	320530196407220000	洪福两全保险	河南南阳	2012.3	两全保险部	13876420211
H021	何元红	女	320531197711080000	洪福两全保险	广东东莞	2008.9	两全保险部	88386173
H022	王守吉	男	320532197410250000	洪福两全保险	广东东莞	2011.5	两全保险部	13876420011
H023	潘晋辉	女	320533198206260000	洪福两全保险	广东东莞	2012.5	两全保险部	89642314
H024	叶　淞	女	320534196507050000	红星人寿保险	福建福州	2008.9	人寿项目部	1387642033

（b）

泰平人寿保险有限公司

办理保险手续通知书

朱培宪　：

我公司将为你签定　红星人寿保险　保险合同，请在接到本通知后 15 日内将本人的身份证，户口本复印件交到　人寿项目部　处办理相关续保手续！

泰平人寿保险有限公司

时间：2011.5

（c）

泰平人寿保险有限公司

办理保险手续通知书

秦宝欣　：

我公司将为你签定　洪福两全保险　保险合同，请在接到本通知后 15 日内将本人的身份证，户口本复印件交到　两全保险部　处办理相关续保手续！

泰平人寿保险有限公司

时间：2011.5

（d）

图 2.29　案例样文（续）

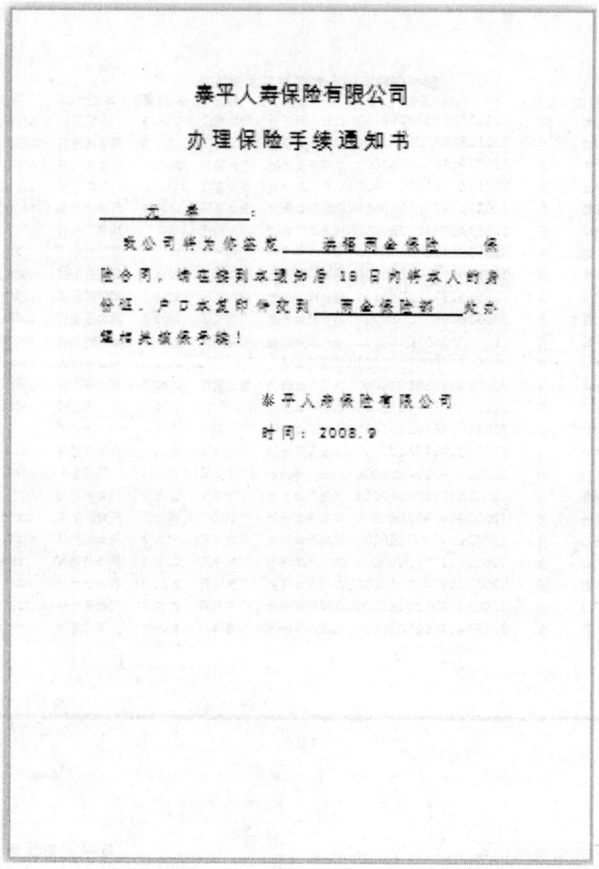

泰平人寿保险有限公司

办理保险手续通知书

方 [illegible]：

我公司将为你签发___洪福两全保险___保险合同，请在接到本通知后15日内将本人的身份证、户口本复印件交到___两全保险部___处办理相关投保手续！

泰平人寿保险有限公司

时间：2008.9

（e）

图 2.29 案例样文（续）

2.4.2 任务实现

1．**创建邮件模板。**

- 新建一个 Word 文件，并按照图 2.29（a）所示的内容创建邮件模板，并将文档名保存为“2.6 素材.docx”。

2．**邮件合并。**

- 将鼠标定位到“2.6 素材.docx”的第一个空白处（即称呼处），然后选择“邮件”→“开始邮件合并”→“邮件合并分步向导”命令，调用出“邮件合并”的任务窗格，如图 2.30 所示。
- 单击“下一步：正在启动文档”，启动邮件合并文档，如图 2.31 所示。
- 单击“下一步：选取收件人”，选取数据源文件，添加收件人信息，如图 2.32 所示。
- 单击“浏览…”选择数据源文件“2.6 素材.xlsx”，调用“选择表格”对话框，如图 2.33 所示，并单击“确定”按钮。
- 再次调用“邮件合并收件人”窗口，用以核对合并收件人的信息，如图 2.34 所示。

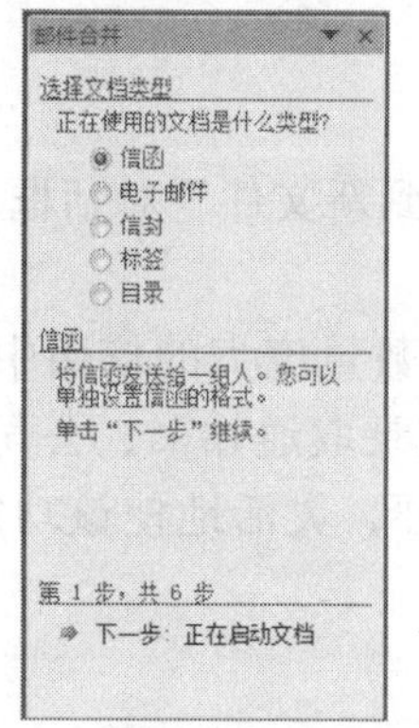

图 2.30　调用邮件合并任务窗格

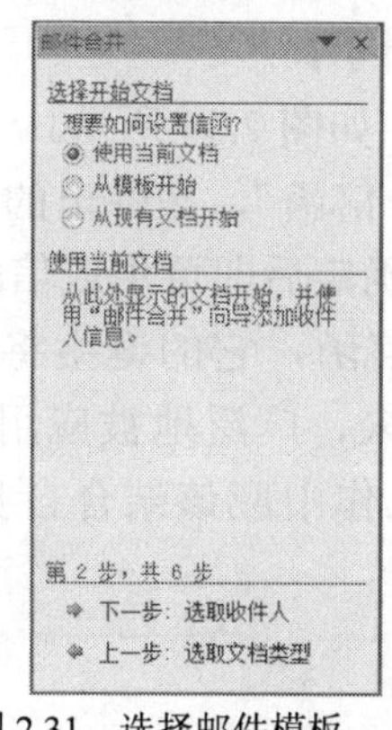

图 2.31　选择邮件模板

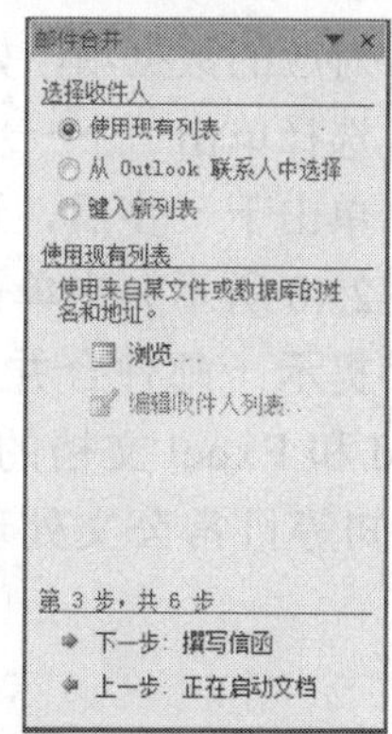

图 2.32　选择数据源文件

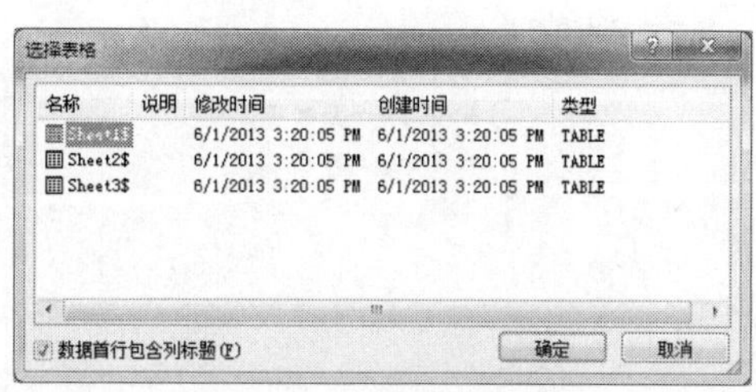

图 2.33　调用数据源内的数据

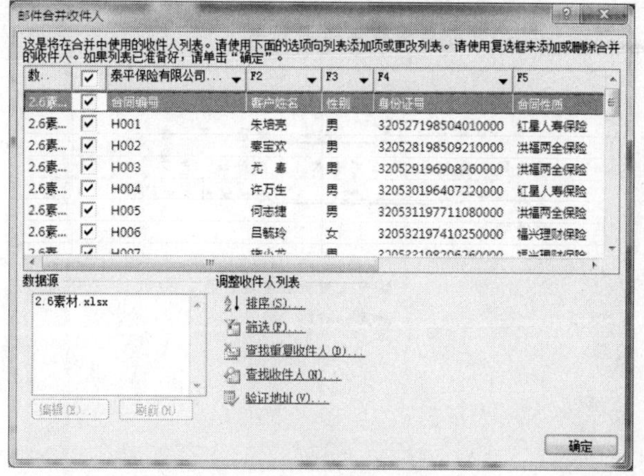

图 2.34　具体核对收件人信息

- 单击"确定"按钮后，邮件合并的任务窗格中已经确认了当前收件人，如图 2.35 所示。
- 单击"下一步：撰写信函"，并选择"其他项目"，在弹出的"插入合并域"对话框中分别选择 F2、F5、F7、F8 项（即"客户姓名"、"合同性质"、"签订地点"、"签订时间"）插入到信函中，如图 2.36 和图 2.37 所示。

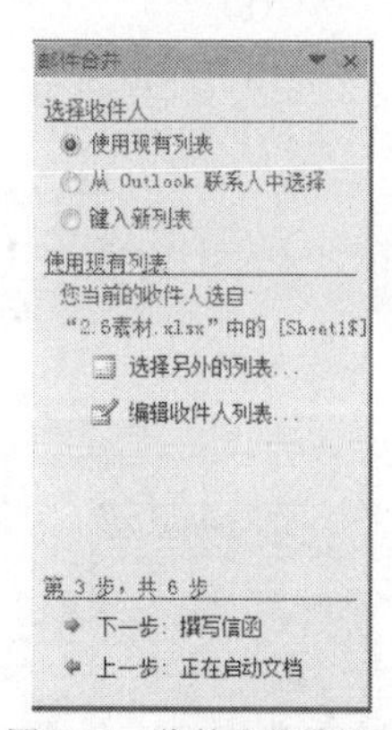

图 2.35　收件人的确认

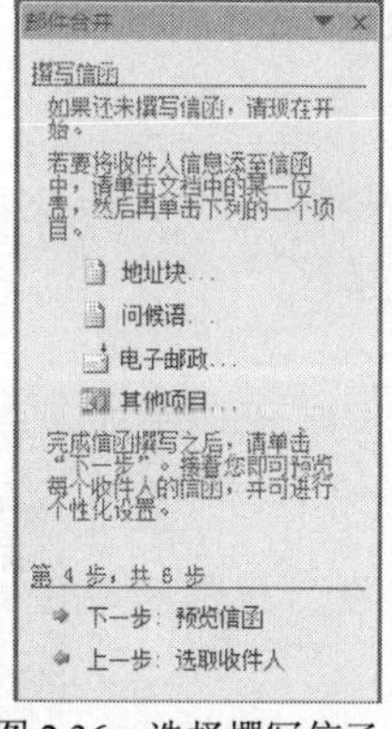

图 2.36　选择撰写信函

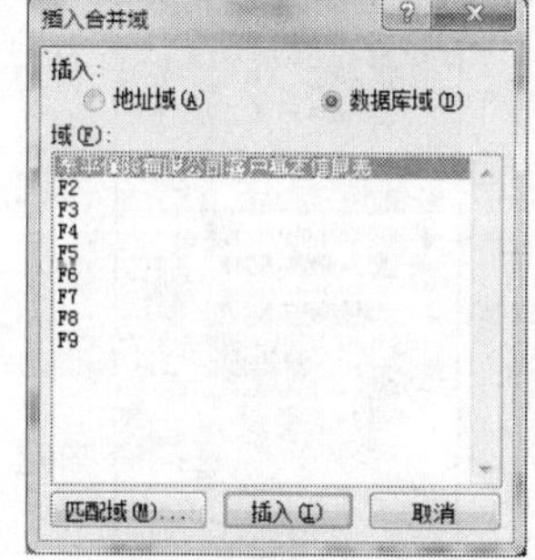

图 2.37　选择插入合并域

- 插入"域"完成后的效果如图 2.38（a）所示，单击确定后"域"的编号变成与之相对应的数据项，如图 2.38（b）所示。

- 选择单击“下一步：完成合并”，如图 2.39 所示。
- 单击下一步后，选择“编辑单个信函”，在弹出的“合并到新文件”对话框（如图 2.40 所示）中单击“全部”，并确定后即可生成信函。

（小提示：邮件合并是一种特殊的信函，它的诞生将人们从数量庞大的信函中解脱，把 Word 和 Excel 文档的优势结合了起来，广泛地被应用于学校录取通知书、公司信函、会议通知等日常公文处理中。在日常工作中应该结合自身的需要，灵活地使该功能为我所用。）

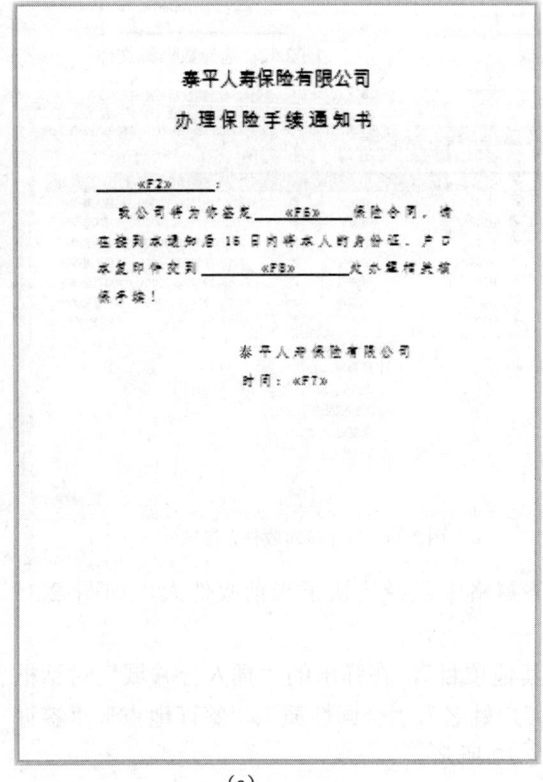

（a）

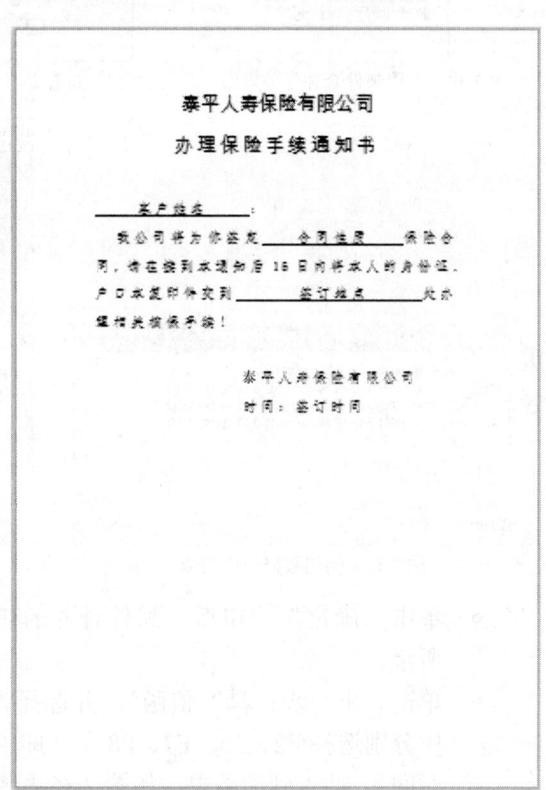

（b）

图 2.38　选择合并项

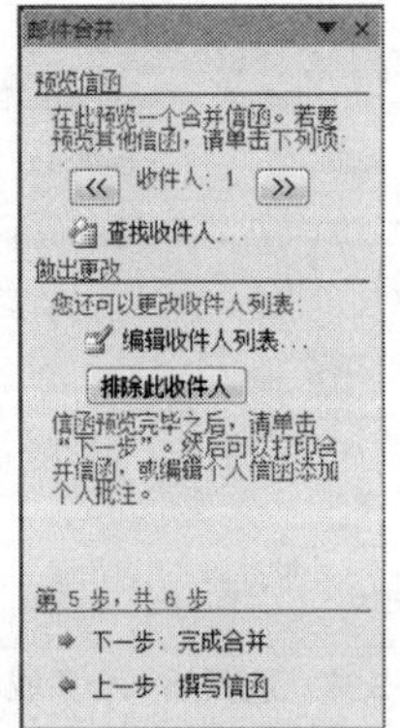

图 2.39　完成合并

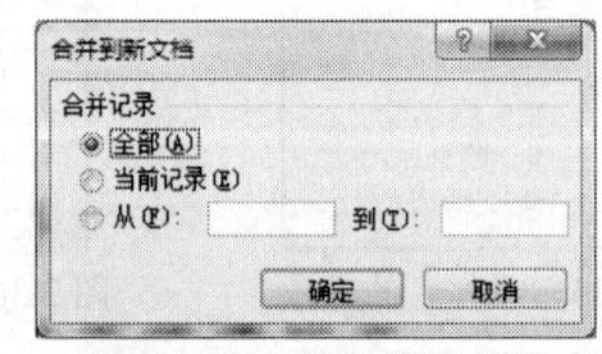

图 2.40　合并全部新文件

2.4.3　课后练习

根据下列任务要求进行设置。

1．**创建邮件模板**。

- 根据【练习素材】创建邮件的模板，命名为“2.7 素材.docx”；其中，标题为四号，黑体；正文为小四号，宋体。段前段后均为 1.25 倍的行距。

2．**邮件合并**。

- 利用数据源文件（“2.7 素材.xlsx”）进行邮件合并。

【练习素材】

首届计算机综合应用能力大赛 XX 学院参赛

学生成绩单

（____________）同学，你好！

以下是你本次参赛的成绩：

CF	KA	LO	总分	平均分

大赛组委会

2011-5-7

任务 5　保险合同

情境创设

经理助理小陈请了两天假，于是小张这几天顶替小陈完成合同文档整理工作。一开始，小张认为这是些很简单的事情，没什么大不了的。但是，麻烦来了，同事小钱刚刚跟客户联系好了签订合同的时间，他找到小张要求把最后的合同排个版，打印出来。需要排版的要求包括如下几点。

1．样式与格式设置。设置文章的多级标题，设置的内容包括各级标题的字体、字型、字号、段间距、行间距等。

2．目录制作。在文档的扉页中自动生成目录，并能自动更新。

3．封面和扉页为固定的模板。页眉、页脚设置要求首页不同、奇偶页不同。

2.5.1　任务分析

小张打开原有合同（见图 2.41），发现合同内容上没什么问题，主要是格式需要排好版。小张仔细地翻阅了公司以前的合同，又查看了目前公司合同的排版要求，发觉许多问题还没有接触过，如样式和格式的设置、目录的自动生成、页眉页脚的奇偶页问题等。

公司合同排版的具体要求如下。

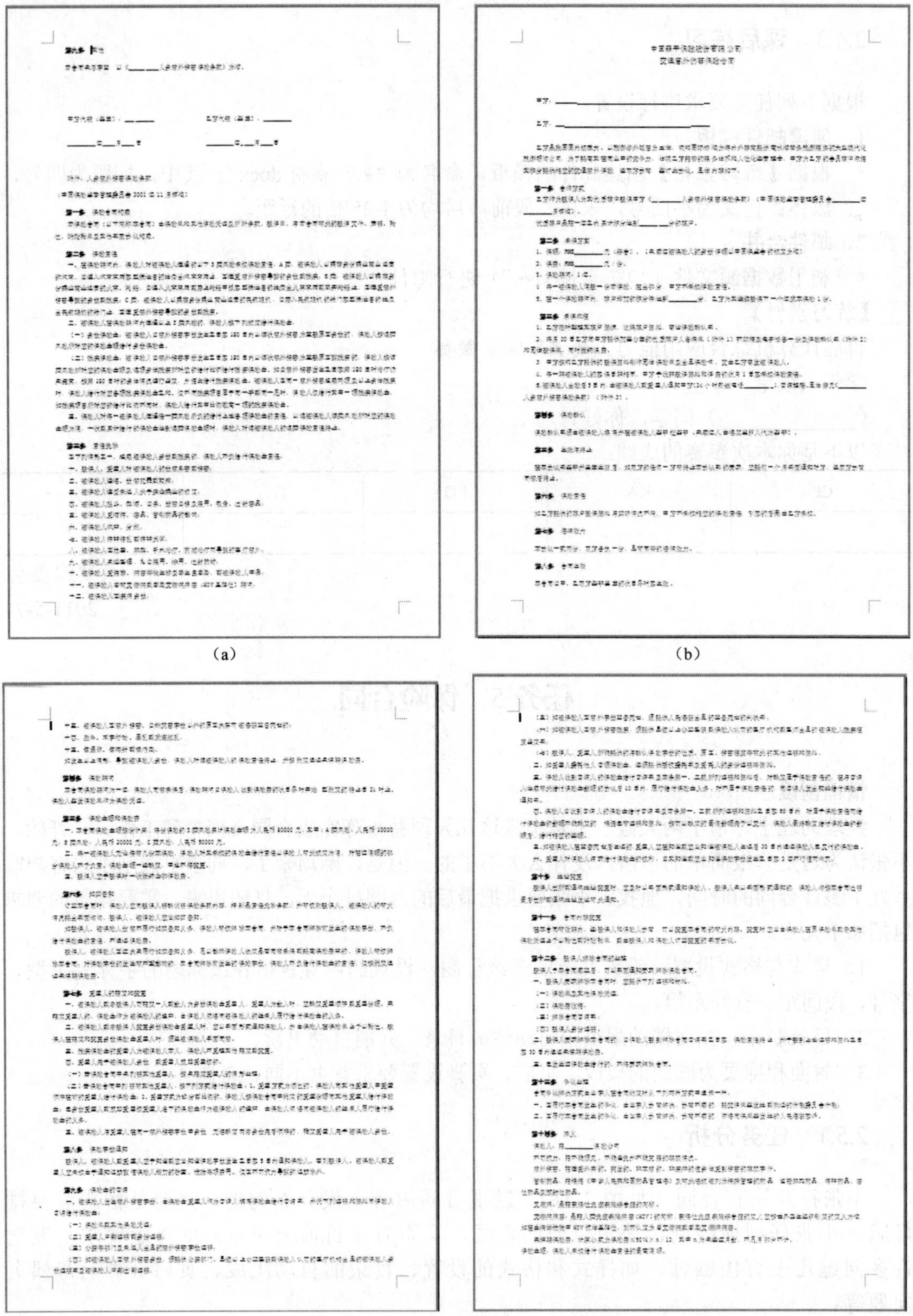

（a）

（b）

（c）

（d）

图 2.41　案例原文

1．**样式与格式设置**。

- 本文一级标题设置为小三号，加粗，黑体，段前 1.25 行，段后 1 行，多倍行距 1.25 行；
- 二级标题设置为四号，加粗，楷体，倾斜，段前 1 行，段后 1 行，多倍行距 1 行；
- 三级标题设置为小四号，加粗，华文彩云，段前 1 行，段后 0.5 行，单倍行距。

2．**目录制作**。

- 在文档的扉页中自动的生成目录，要求显示三级标题，并能自动更新。

3．**页眉、页脚设置**。

- 首页页眉右侧："泰平保险公司保险合同书"；
- 首页页脚居中："人身意外伤害险"；
- 其他的页眉右侧："泰平保险，保险太平"；
- 页脚居中："第 *X* 页，共 *Y* 页"。

注：封面和扉页上已经设置好，为固定的模板。

通过两天的反复操作，他觉得这些操作也有它们的规律，如样式可以新建、修改；目录的样式也可以自由更换；页眉和页脚的设置可以利用现有的模板，比 Word 2003 的功能实用多了！小张参照公司合同的排版要求，将合同排好版面（见图 2.42）打印了出来，业务部领导审阅后觉得很满意。

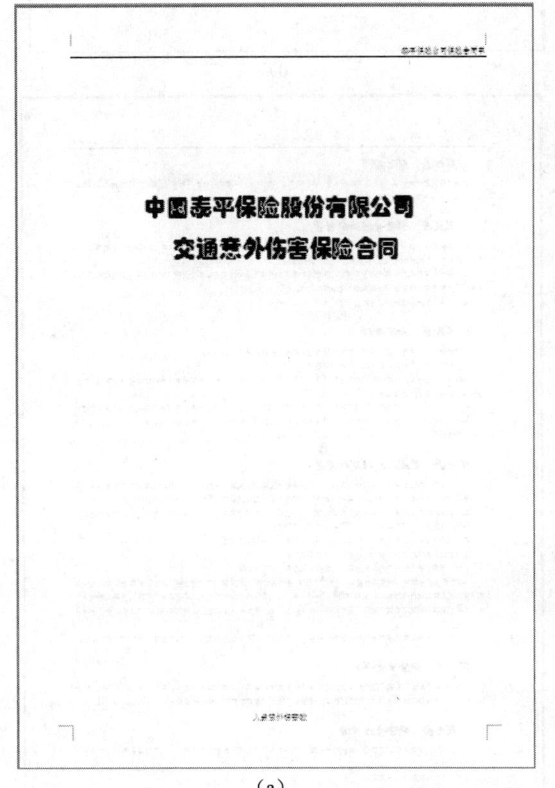
泰平保险公司保险合同书

中国泰平保险股份有限公司
交通意外伤害保险合同

人身意外伤害险

（a）

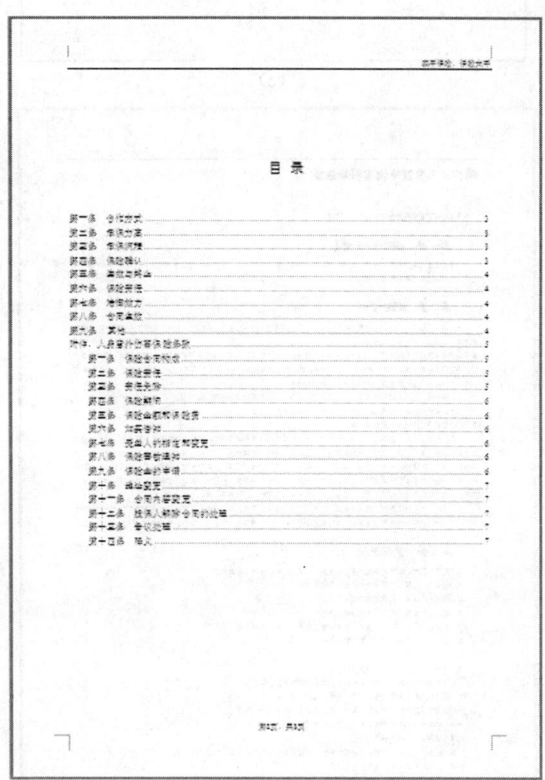
泰平保险，保险太平

目 录

（b）

图 2.42　案例样文

中国泰平保险股份有限公司

交通意外伤害保险合同保险合同（正文）

第一条 合作方式

第二条 承保方案

第三条 承保流程

(c)

第四条 保险确认

第五条 生效与终止

第六条 保险责任

第七条 法律效力

第八条 合同生效

第九条 其他

(d)

附件：人身意外伤害保险条款

(e)

(f)

图 2.42 案例样文（续）

第十条　地址变更

第十一条　合同内容变更

第十二条　投保人解除合同的处理

第十三条　争议处理

第十四条　释义

（g）

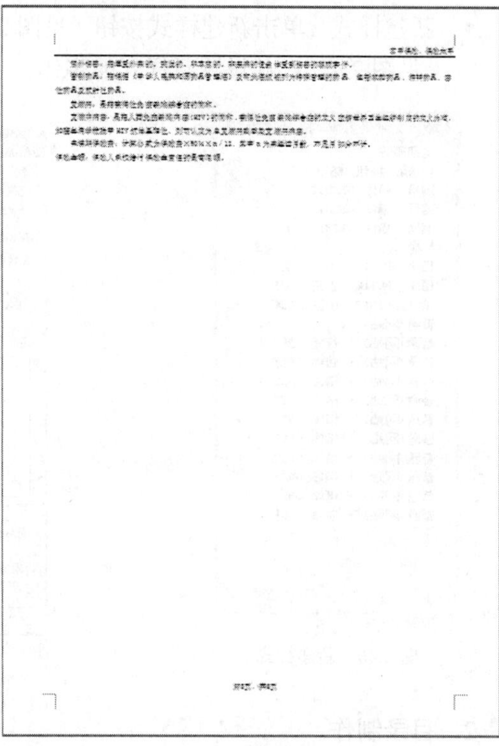

（h）

图 2.42　案例样文（续）

2.5.2　任务实现

1. **样式与格式设置。**

- 查看样式：选择“开始”菜单项下的“样式”区，单击该区域右下角的功能键，在弹出的菜单项下查看标题 1、标题 2 和标题 3 的样式，如图 2.43 所示。
- 修改样式：单击“标题 1”后面的下拉菜单，选择“修改”，在弹出的对话框中进行修改（二号，加粗，黑体），如图 2.44 所示。再单击“段落”选项，在弹出的选项卡中设置段落和行间距（段前 1.25 行，段后 1 行，多倍行距 1.25 行），如图 2.45 所示。

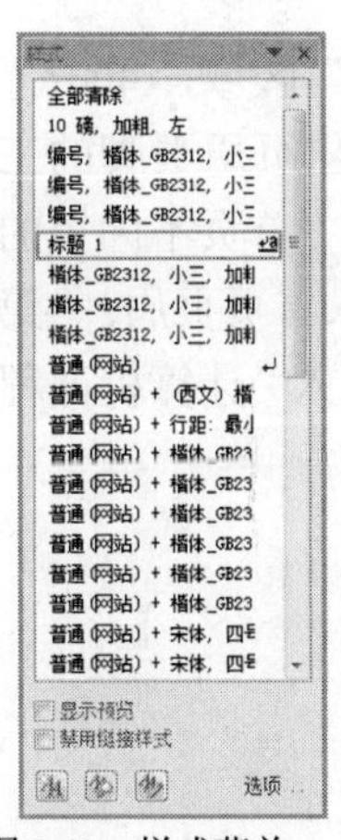

图 2.43　样式菜单

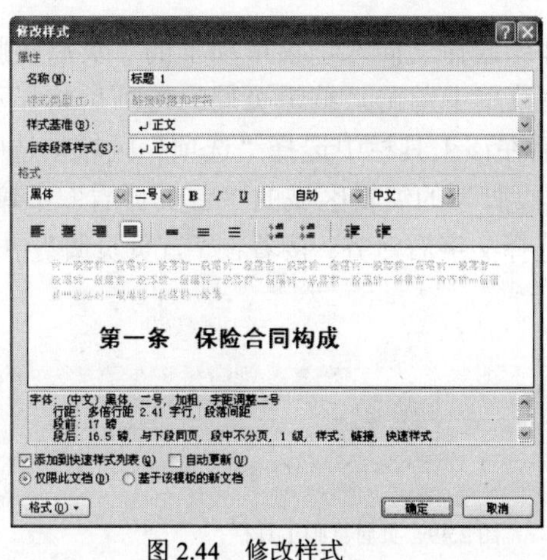

图 2.44　修改样式

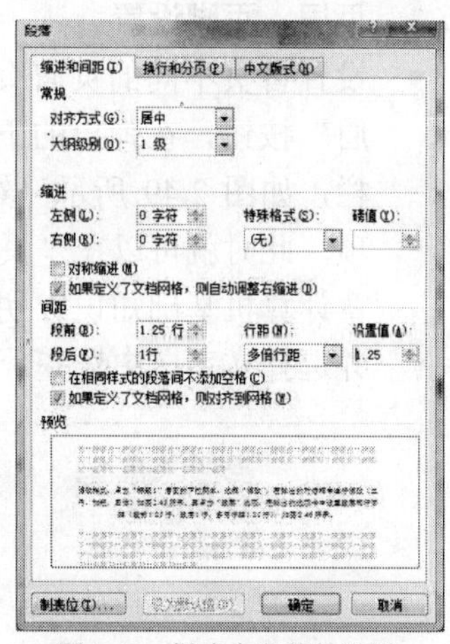

图 2.45　样式中段落的设置

- 新建样式：单击新建样式按钮（见图 2.46），在弹出的新建样式的对话框中添加新样式（见图 2.47）；并设置新样式的字体、字型、字号和段间距、行间距等（同修改样式）。

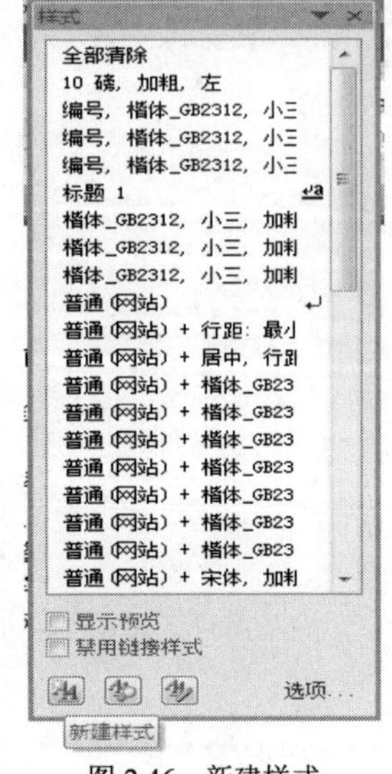

图 2.46　新建样式

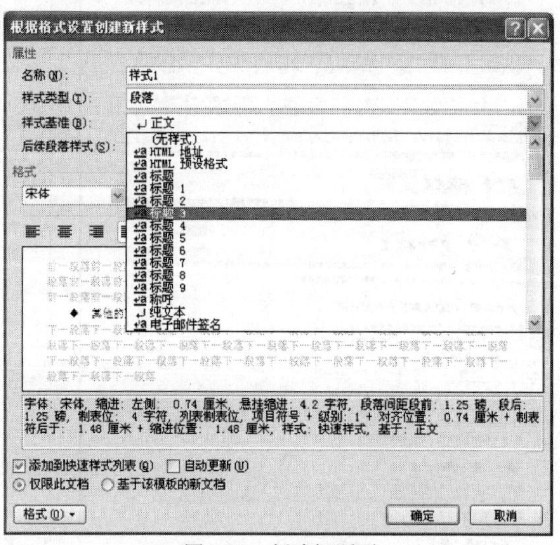

图 2.47　新建标题项

2．**目录制作。**

- 插入目录：选择“引用”菜单项下的“目录”区，单击该区域中的“目录”功能键，在弹出的下拉菜单项中选择“插入目录”，在弹出的对话框中设置目录的级别为“3”，如图 2.48 所示。
- 更新目录：若需要更换目录的项，需先修改文章中的各级标题后，再选中生成的“目录”，单击“目录”区域中“更新目录”按钮即可。

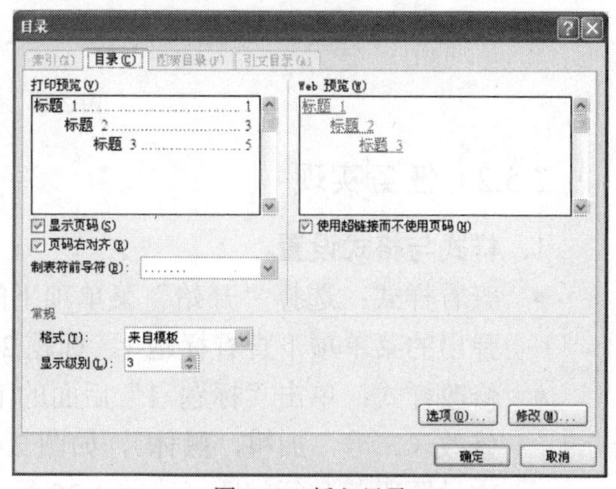

图 2.48　插入目录

3．**页眉、页脚设置。**

- 设置首页不同的页眉页脚：选择“插入”菜单项下的“页眉页脚”区域，单击“页眉”按钮，在弹出的下拉菜单中单击“编辑页眉”选项后将显示出页眉页脚的工具栏，如图 2.49 所示；然后在该工具栏中选择“选项”区域中选中“首页不同”的选项，此时就可以在“页眉页脚”的编辑区域的“首页页眉”中输入首页页眉：“第 1 章计算机基础知识”，并选择文字右对齐；接着在“首页页脚”中输入“计算机课程”，并选择文字居中对齐。

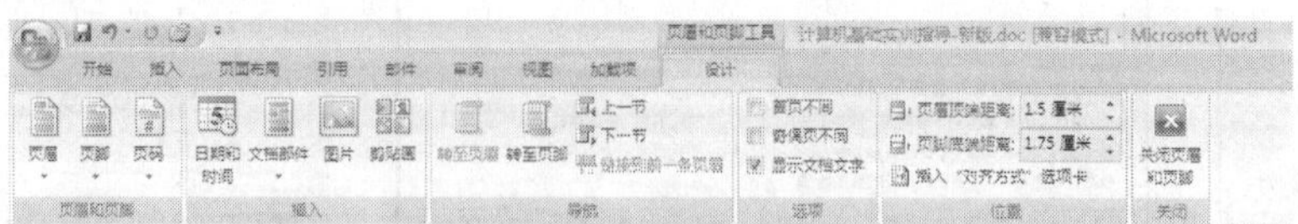

图 2.49　页眉页脚工具栏

- 其他页眉页脚：其他页眉页脚均在“页眉页脚”编辑区域中直接输入“页眉”为“计算机的发展与应用”，并选择文字右对齐；“页脚”具体操作方法为，直接选择“页眉页脚”工具栏中的“页码”按钮的下拉菜单中的“页面底端”选项，并单击“加粗显示的数字 1”选项（如图 2.50 所示），并在页眉页脚的编辑区域中修改为“第 *X* 页，共 *Y* 页”形式（其中 *X* 为当前页，*Y* 为总页数）。

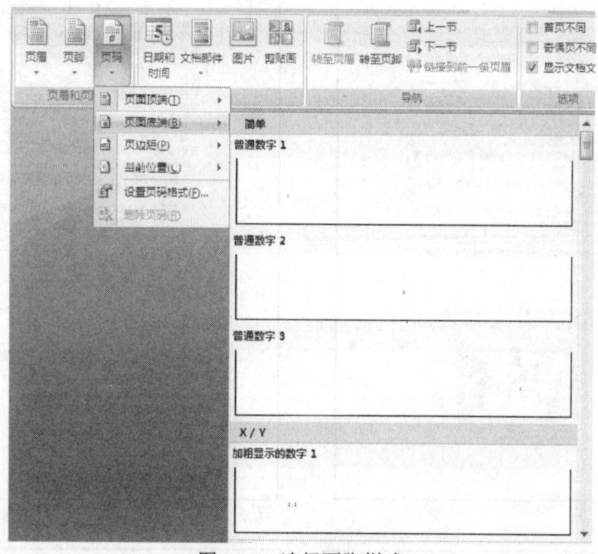

图 2.50　选择页脚样式

2.5.3　课后练习

根据下列任务要求进行设置。

1．**样式与格式设置。**

- 本文章一级标题设置为二号，加粗，黑体，段前 3 行，段后 2.5 行，多倍行距 2.5 行。
- 二级标题设置为小二号，加粗，楷体，倾斜，段前 2.5 行，段后 2 行，多倍行距 2 行。
- 三级标题设置为三号，加粗，华文彩云，段前 2.25 行，段后 1.75 行，多倍行距 1.75 行。

2．**目录制作。**

- 在文档的扉页中自动的生成目录，要求显示三级标题，并能自动更新。

3．**页眉、页脚设置。**

- 首页页眉右侧：“第 1 章 计算机基础知识”。
- 首页页脚居中：计算机课程。
- 其他的页眉右侧：计算机的发展与应用。
- 页脚居中：“第 *X* 页，共 *X* 页”。

【练习素材】（参见“2.9 素材.docx”，如图 2.51（a）～图 2.51（d）所示。）

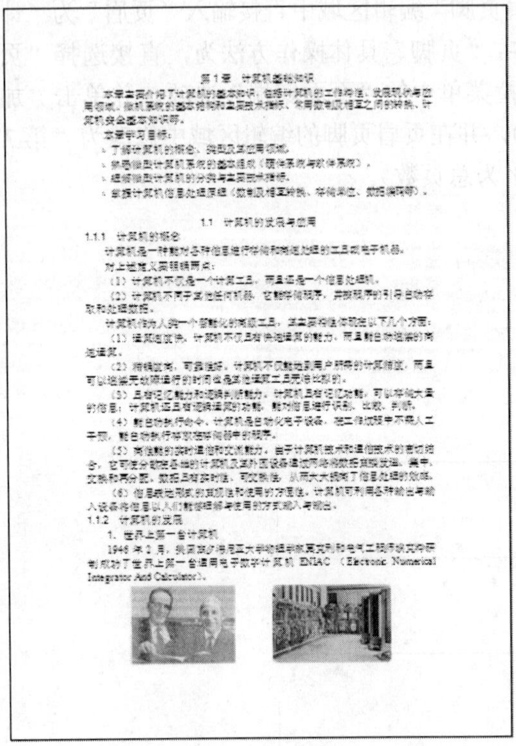

（a）

（b）

（c）

（d）

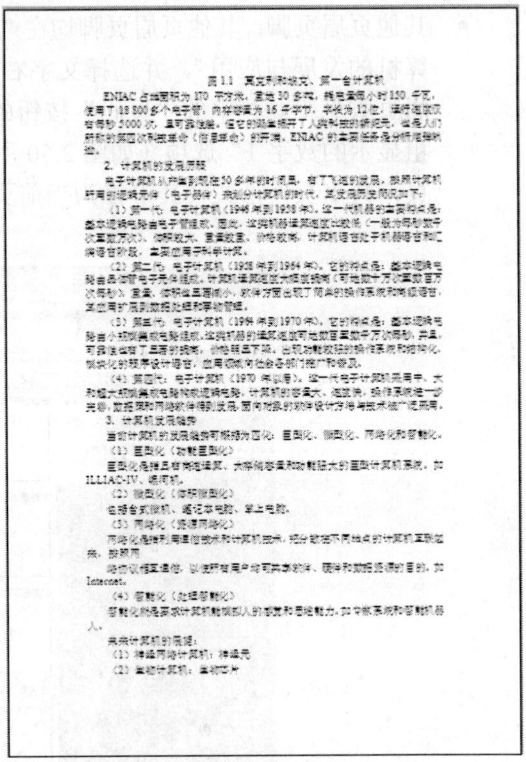

图 2.51　素材原文

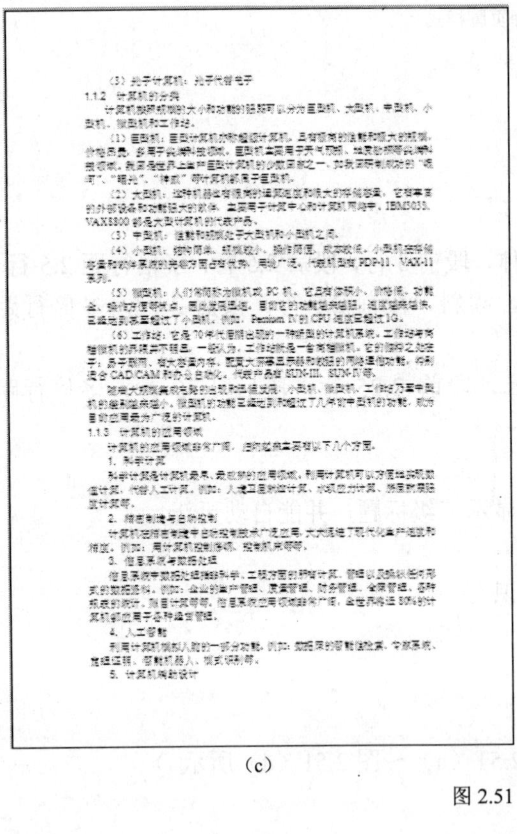

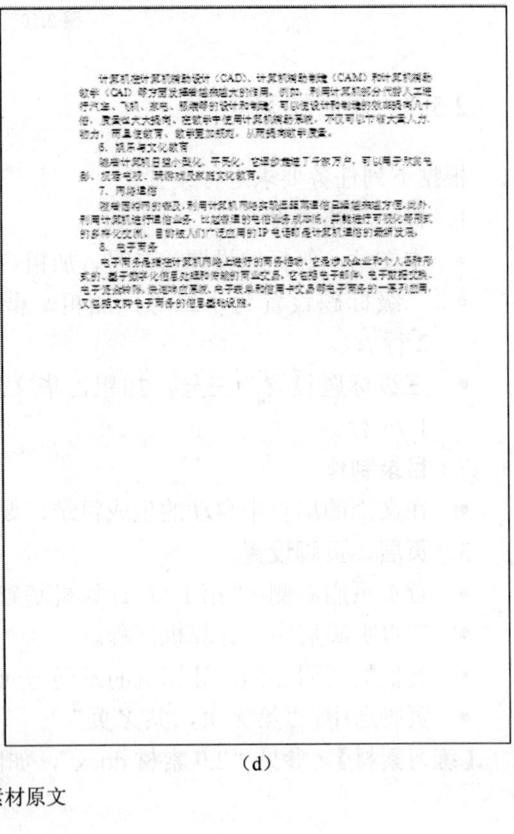

第3章 办公电子报表处理

Microsoft Excel 2010，可以通过比以往更多的方法分析、管理和共享信息，从而帮助用户做出更好、更明智的决策。全新的分析和可视化工具可帮助用户跟踪和突出显示重要的数据趋势。无论用户是要生成财务报表还是管理个人支出，使用 Excel 2010 都能够更高效、更灵活地实现用户的目标。

本章结合某保险公司日常办公电子报表的实际需要，分别制作员工基本信息情况统计表、工资表数据的统计、工资表数据的分析等数据表格，旨在训练学生能从解决实际文档设置出发，举一反三，熟练掌握一整套的 Excel 文档的处理方法。

任务1 员工基本信息情况统计表的制作

情境创设

这天一大早，人事部经理要小张把公司的员工信息表整理一份送到总部审核存档。小张来到公司总部提交文件审核时发现文档排版有点问题，需要尽快修改。但是，总部办公软件版本是 Excel 2010。小张没有使用过，于是小张浏览学习后总结了以下使用方法，并完成了员工信息表格处理。

1．完成工作表的行高、列宽设置，以及行列的互换操作。

2．设置单元格的格式，包括：合并单元格、拆分单元格、设置单元格对齐方式等。

3．设置表格内、外边框和单元格底纹。

4．添加、删除或编辑单元格的批注。

5．工作表创建与重命名，以及复制工作表。

6．工作表的页面大小设置与打印输出。

3.1.1 任务分析

小张将文档复制到自己的计算机中，打开看了看，发现原来的表格（见图 3.1）没有边框线，这是一定要加的。另外，字体大小也不一样，还有对齐方式的问题，于是他开始试着使用排版工具进行修改。

小张总结了一下，Excel 表中单元格格式的设置很重要，很多基本功能都在这个对话框中，只要把这个对话框中的功能都学会了，就可以自如地排版了。

员工编号	员工姓名	性别	身份证号	政治面貌	籍贯	学历	职称	入职时间	部门	联系方式
W001	朱培亮	男	320527198504010000	中共党员	湖北武汉	大专	初级	2011.5	业务部	13876420211
W002	秦宝欢	男	320528198509210000	中共党员	湖北武汉	本科	初级	2011.5	财务部	13876420018
W003	尤　泰	男	320529196908260000	中共党员	湖北襄阳	大专	高级	2008.9	财务部	13176420364
W004	许万生	男	320530196407220000	群众	湖北襄阳	大专	高级	2009.11	财务部	15376420011
W005	何志捷	男	320531197711080000	群众	湖北襄阳	大专	中级	2010.5	总经办	13764200119
W006	吕毓玲	女	320532197410250000	群众	湖北大悟	大专	中级	2010.11	财务部	13886420010
W007	施小龙	男	320533198206260000	中共党员	湖南常德	本科	中级	2011.7	业务部	13876420011
W008	张　波	男	320534198507050000	群众	湖南浏阳	本科	初级	2011.5	业务部	13776420011
W009	孔庭保	男	320535197712080000	群众	湖北黄冈	大专	初级	2010.3	业务部	13886420310
W010	曹　晨	男	320536198010050000	群众	河南南阳	本科	中级	2009.8	业务部	13886423345
W011	严兴旺	男	320537198810080000	群众	河南新乡	本科	初级	2011.7	总经办	13776042002
W012	华晓峰	男	320538199003080000	群众	河南平顶山	本科	初级	2012.3	营业部	15326420029
W013	金治明	男	320539197306030000	中共党员	湖北襄阳	大专	初级	2008.3	总经办	13876420231
W014	魏五棉	男	320540198611150000	群众	河南平顶山	本科	初级	2007.6	客服部	15337642001
W015	闻少敏	女	320541198702180000	群众	广东潮州	本科	初级	2009.1	客服部	87769993
W016	姜晓安	女	320542196403120000	中共党员	河南南阳	本科	高级	2011.7	总经办	13176420572

W002	秦宝欢	男	320528198509210000	中共党员	湖北武汉	本科	初级	2011.5	财务部	13876420018
W003	尤　泰	男	320529196908260000	中共党员	湖北襄阳	大专	高级	2008.9	财务部	13176420364
W004	许万生	男	320530196407220000	群众	湖北襄阳	大专	高级	2009.11	财务部	15376420011
W005	何志捷	男	320531197711080000	群众	湖北襄阳	大专	中级	2010.5	总经办	13764200119
W006	吕毓玲	女	320532197410250000	群众	湖北大悟	大专	中级	2010.11	财务部	13886420010
W007	施小龙	男	320533198206260000	中共党员	湖南常德	本科	中级	2011.7	业务部	13876420011
W008	张　波	男	320534198507050000	群众	湖南浏阳	本科	初级	2011.5	业务部	13776420011
W009	孔庭保	男	320535197712080000	群众	湖北黄冈	大专	初级	2010.3	业务部	13886420310
W010	曹　晨	男	320536198010050000	群众	河南南阳	本科	中级	2009.8	业务部	13886423345
W011	严兴旺	男	320537198810080000	群众	河南新乡	本科	初级	2011.7	总经办	13776042002
W012	华晓峰	男	320538199003080000	群众	河南平顶山	本科	初级	2012.3	营业部	15326420029
W013	金治明	男	320539197306030000	中共党员	湖北襄阳	大专	初级	2008.3	总经办	13876420231
W014	魏五棉	男	320540198611150000	群众	河南平顶山	本科	初级	2007.6	客服部	15337642001
W015	闻少敏	女	320541198702180000	群众	广东潮州	本科	初级	2009.1	客服部	87769993
W016	姜晓安	女	320542196403120000	中共党员	河南南阳	本科	高级	2011.7	总经办	13176420572
W017	张成锁	男	320527197504010000	群众	广东揭阳	大专	中级	2012.3	行政部	13886423345
W018	王耀春	女	320528198509210000	群众	河南南阳	本科	初级	2011.5	行政部	87923641

图 3.1　案例原文

另外，虽然 2010 版的 Office 注重的是图形界面的操作，但是很多功能还是保留了下来，就是位置有些变化，完全可以找到。排版结果如图 3.2 所示。具体操作如下。

1．**工作表的行和列。**

- 在标题行下方插入一行空行，设置行高为 9.00，并设置表格其他行的行高为 25，列宽为 10。
- 将“政治面貌”与“职称”一列互换。

2．**单元格格式。**

- 将“入职时间”一列设置为“年/月/日”的形式。
- 合并 A1：K2 单元格区域设置水平居中，仿宋，16 磅，加粗；设置 A3：K36 单元格区域水平、垂直方向分别居中对齐，楷体，14 磅。

3．**表格边框和底纹。**

- 将 A3：K36 单元格区域的外边框设置为红色的双实线，内边框为蓝色实线。
- 设置 A1：K2 单元格区域字体颜色为蓝色，底纹为黄色；设置 A3：K36 单元格区域底纹为蓝色。

4．**插入批注。**

- 在 B27 单元格添加批注为“享受国家特殊待遇的国家级专家”。

5．**重命名复制工作表。**

- 将 Sheet1 工作表重命名为“员工基本信息一览表”。并复制该工作表至 Sheet2 工作表 B2 开始的单元格区域中。

6．**工作表的打印。**

- 将表格调整为一页 A4 纸型的页面打印输出。
- 编辑完成后的样文如图 3.2 所示。

泰平保险有限公司										
员工编号	员工姓名	性别	身份证号	职称	籍贯	学历	政治面貌	入职时间	部门	联系方式
N001	朱培亮	男	320527198504010000	初级	湖北武汉	大专	中共党员	2011.5	业务部	13876420211
N002	秦宝欢	男	320528198509210000	初级	湖北武汉	本科	中共党员	2011.5	财务部	13876420018
N003	尤　奉	男	320529196908260000	高级	湖北襄阳	大专	中共党员	2008.9	财务部	13176420364
N004	许万生	男	320530196407220000	高级	湖北襄阳	大专	群众	2009.1	财务部	15376420011
N005	何志捷	男	320531197711080000	中级	湖北襄阳	大专	群众	2010.5	总经办	13764200119
N006	吕毓玲	女	320532197410250000	中级	湖北大悟	大专	群众	2010.1	财务部	13886420010
N007	施小龙	男	320533198206260000	中级	湖南常德	本科	中共党员	2011.7	业务部	13876420011
N008	张　波	男	320534198507050000	初级	湖南浏阳	本科	群众	2011.5	业务部	13776420011
N009	孔庭保	男	320535197712080000	初级	湖北黄冈	大专	群众	2010.3	业务部	13886420310
N010	曹　晨	男	320536198010050000	中级	河南南阳	本科	群众	2009.8	业务部	13886423345
N011	严兴旺	男	320537198810080000	初级	河南新乡	本科	群众	2011.7	总经办	13776042002
N012	华晓峰	男	320538199003080000	初级	河南平顶山	本科	群众	2012.3	营业部	15326420029
N013	金治明	男	320539197306030000	初级	湖北襄阳	大专	中共党员	2008.3	总经办	13876420231
N014	魏五棉	男	320540198011150000	初级	河南平顶山	本科	群众	2007.6	客服部	15337642001
N015	陶少敏	女	320541198702180000	初级	广东潮州	本科	群众	2009.1	客服部	87769993
N016	姜晓安	女	320542196403120000	高级	河南南阳	本科	中共党员	2011.7	总经办	13176420572
N017	张成锁	男	320527197504010000	中级	广东揭阳	大专	群众	2012.3	行政部	13886423345
N018	王耀春	女	320528198509210000	初级	河南南阳	本科	群众	2011.5	行政部	87923641
N019	陶俊伟	男	320529196908260000	初级	广东江门	本科	群众	2009.1	信息技术部	13876420015
N020	魏治业	男	320530196407220000	初级	河南南阳	本科	中共党员	2012.3	行政部	13876420211
N021	何元红	女	320531197711080000	中级	广东东莞	本科	群众	2008.9	人力资源部	85356173
N022	王守富	男	320532197410250000	中级	广东东莞	大专	中共党员	2011.5	人力资源部	13876420011
N023	潘晋萍	女	320533198206260000	中级	广东东莞	本科	中共党员	2012.5	信息技术部	89642314
N024	叶　浓	女	320534196507050000	高级	福建福州	本科	中共党员	2008.9	人力资源部	1387642033
N025	戚云飞	男	320535197712080000	中级	福建福州	本科	中共党员	2012.3	信息技术部	13876420034
N026	喻志强	男	320536198010050000	初级	福建福州	本科	群众	2011.5	人力资源部	13876420055
N027	柏青	女	320537198810080000	初级	福建莆田	本科	群众	2011.5	营业部	13877420231
N028	水守信	男	320538198003080000	中级	福建福州	本科	群众	2011.5	信息技术部	87736452
N029	窦浩	男	320539197306030000	中级	福建厦门	大专	群众	2007.6	业务部	13875420011
N030	章月娇	女	320540198611150000	初级	福建莆田	本科	群众	2011.5	营业部	88396452
N031	云庭飞	男	320541198702180000	初级	福建莆田	本科	群众	2007.6	信息技术部	13876340088
N032	苏小强	男	320542197403120000	中级	广东潮州	本科	群众	2011.5	信息技术部	13876420711
N033	潘伟才	男	320543197412290000	中级	广东潮州	本科	群众	2007.6	营业部	13876423311

图 3.2　案例样文

3.1.2　任务实现

1．**工作表的行和列。**

- 将鼠标定位到标题行下方任意一个单元格，单击“开始”→“单元格”→“插入工作表行”插入工作表的行，如图 3.3 所示；然后设置工作表的行高为 9.00，如图 3.4 所示。

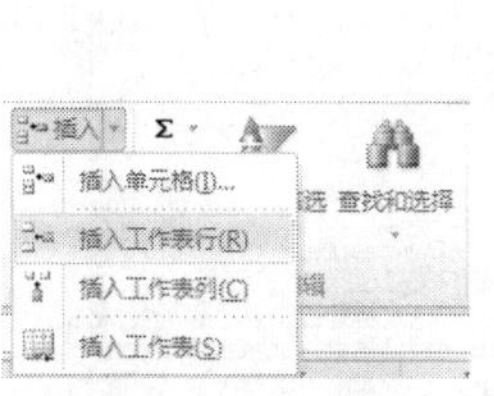

图 3.3　插入工作表行

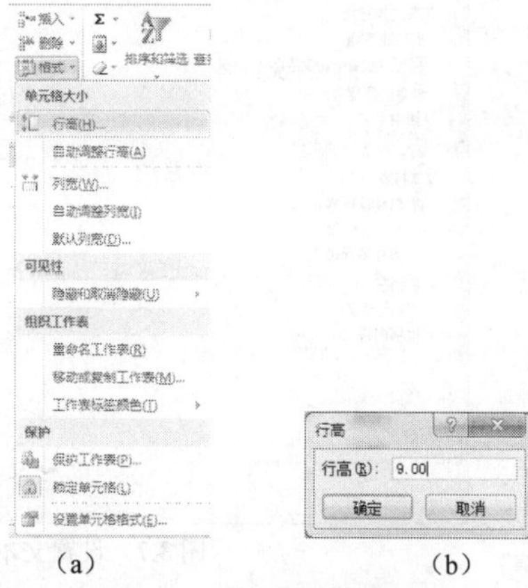

（a）

行高
行高(R): 9.00
确定　取消

（b）

图 3.4　设置工作表的行高

- 将鼠标选中“政治面貌”一列，单击“开始”→“单元格”→“插入”→“插入工作表列”，然后选中“职称”一列的所有单元格（即 I3：I36 单元格区域）复制并粘贴到刚刚生成的新列上（即 E 列），再接着将“政治面貌”一列复制并粘贴到原来“职称”的位置（即 I 列上），然后删除原来“政治面貌”一列（即 F 列上）即可。

2．**单元格格式设置。**

- 选中“身份证号”一列，单击鼠标右键，调用出快捷菜单中的“设置单元格格式”对话框；选择“设置单元格格式”对话框中的“数字”选项卡，单击“文本”项，如图 3.5 所示，并单击“确定”按钮。
- 选择 A1：K2 单元格区域，单击“开始”菜单下的“对齐方式”区域中的“ ”（合并及居中）功能键，然后接着选择“字体”对话框中的“字体”为仿宋、“字号”为 16 磅，并单击加粗键，如图 3.6 所示。

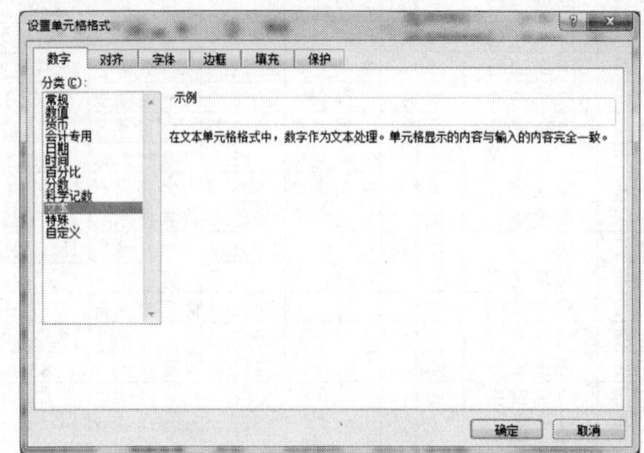

图 3.5　设置单元格格式的类型

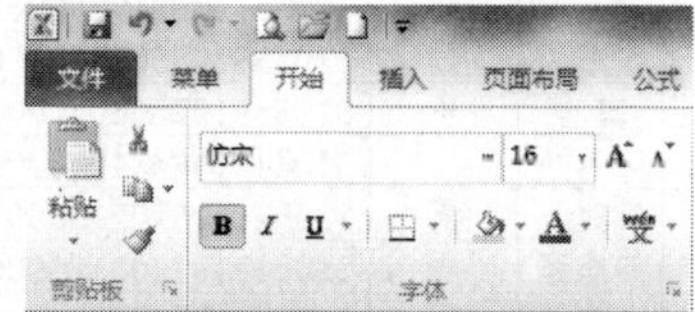

图 3.6　设置字体、字型和字号

- 选择 A3：K36 单元格区域，单击鼠标右键，调用出快捷菜单中的“设置单元格格式”对话框中的“对齐”选项卡，设置水平、垂直方向分别居中对齐，如图 3.7 所示。然后接着选择“字体”对话框中的“字体”为楷体、“字号”为 14 磅。

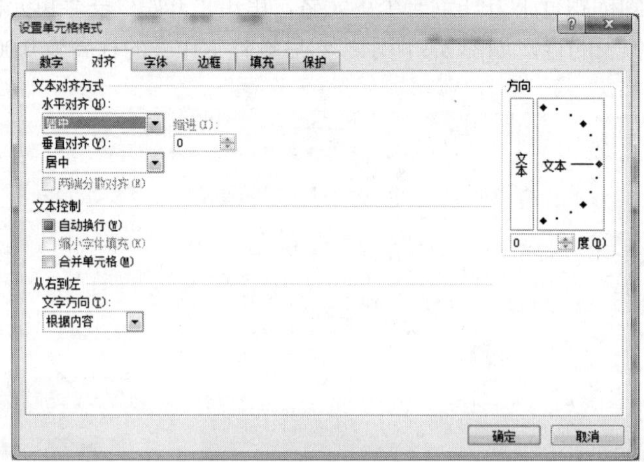

图 3.7　设置文本对齐方式

3．**表格边框和底纹设置。**

- 选择 A3：K36 单元格区域，单击鼠标右键，调用出快捷菜单中的“设置单元格格式”对话框中的“边框”选项卡，设置外边框为红色的双实线，内边框为蓝色实线，如图 3.8 所示。

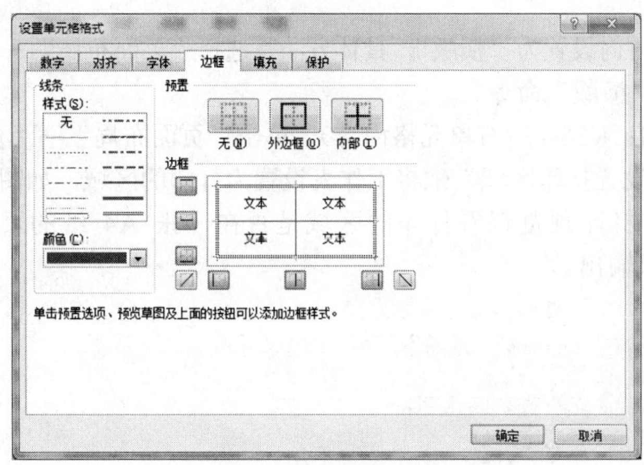

图 3.8　表格边框的设置

- 选择 A1：K2 单元格区域，单击鼠标右键调用出快捷菜单中的“设置单元格格式”对话框中的“字体”选项卡，设置字体颜色为蓝色，再选择“填充”选项卡，设置底纹为黄色，如图 3.9、图 3.10 所示。

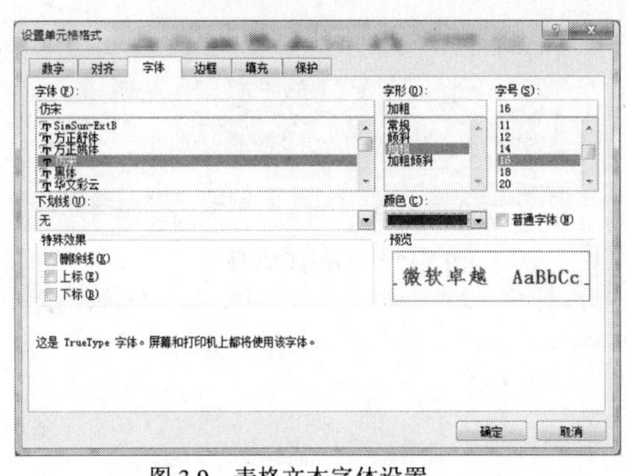

图 3.9　表格文本字体设置

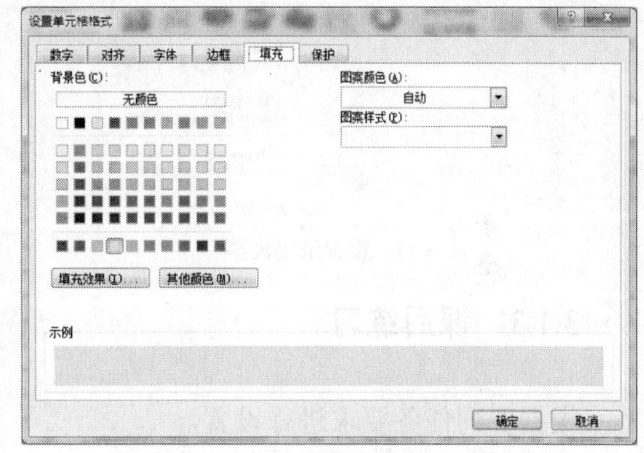

图 3.10　表格单元格底纹的设置

4．**插入批注。**

- 选中 B27 单元格并单击鼠标右键，在右键的快捷菜单中选择“添加批注”，并在批注的编辑框中输入“享受国家特殊待遇的国家级专家”。

5．**重命名复制工作表。**

- 重命名工作表：用鼠标双击 Sheet1 工作表的标签处，当标签完全变成全黑后直接输入“员工基本信息一览表”。
- 复制工作表：选中表格中所有单元格区域（包括表格标题），单击鼠标右键选择“复制”或是使用“Ctrl + C”组合键复制，然后选中 Sheet2 工作表的 B2 单元格，单击鼠标右键选择“粘贴”或是使用“Ctrl + V”组合键粘贴即可。

6．**工作表的打印。**

（1）设置纸型。

- 单击“页面布局”→“页面设置”→“纸张大小”→“A4”，如图 3.11 所示。

（2）打印预览。

- 首先将纸张方向设置为“横版”，具体方法是选择“页面布局”→“页面设置”→“纸张方向”→“横版”命令。
- 然后选择 A1：K36（所有单元格内容），单击“页面布局”→“页面设置”→“打印区域”→“设置打印区域”来将工作表设置为打印的区域，如图 3.12 所示。
- 最后，单击打印预览查看打印的区域是否在一张 A4 纸的页面上，并进行调整后单击打印输出。

图 3.11　设置纸张大小

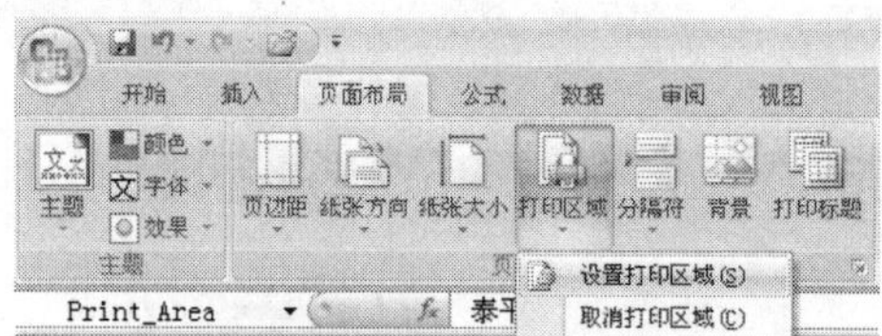

图 3.12　设置打印区域

3.1.3　课后练习

根据下列任务要求进行设置。

1．**新建表格。**

- 新建一个 Excel 工作表，并按照【练习素材】所示的内容从 Sheet1 的 B2 开始的单元格开始输入数据。

2．**工作表的行和列。**

- 在标题行下方插入一行空行，设置行高为 8.00，并设置表格其他行的行高为 15，列宽为 12。
- 将“拉美”与“西欧”一行互换。

3．**单元格格式。**

- 选中 B2：F3 单元格，单击常用工具栏上的“合并居中”按钮，完成标题居中，同时将标题设置为四号楷体的粗体。

- 选中表格的列标题和行标题，设置为小四号宋体，同时内容居中。
- 表格中的所有数据均设置为五号“Time New Roman”字体，内容居中。

4．**表格边框和底纹**。

- 将 B2：F8 单元格区域的外边框设置为蓝色的双实线，内边框为绿色虚线。
- 设置 B2：F3 单元格区域字体颜色为蓝色，底纹为黄色；设置 B4：F8 单元格区域底纹为蓝色。

5．**插入批注**。

- 在 B5 单元格添加批注为“经济增长速度最快的地区”。

6．**重命名复制工作表**。

- 将 Sheet1 工作表重命名为“世界部分地区的增长率”。并复制该工作表至 Shcct2 工作表 C3 开始的单元格区域中。

7．**工作表的打印**。

- 将表格调整为一页 A4 纸型的页面打印输出。

【练习素材】（参见“3.2 素材.xlsx”）

世界部分地区经济增长率（%）				
地区	2001	2002	2003	2004
亚洲	9.6	7.2	7.5	8.4
西欧	2.9	2.5	1.6	2.5
非洲	2.9	2.9	4.8	3.1
拉美	8	4.3	3.5	4.3

图 3.13

任务 2　工资表数据的统计

情境创设

这几天，小张在财务部遇到了新问题。他在 Excel 中使用计算功能——计算总工资、最高工资、最低工资、平均工资、排序以及数据图表的设置。小张好久没有使用觉得有些生疏，现在用起来真是一头雾水。

1．Excel 表格中的公式应用。

2．计算表格中的数据运算公式与常规函数（求和、求平均值、求最大、最小值）。

3．数据排序。将表格中的数据进行排序，如升序、降序排序。

4．数据图表。利用表格中的数据生成图表，如柱形图、饼图、折线图等。

3.2.1　任务分析

他请来了李师兄，请他帮忙指点一下。通过 1 个小时的学习和操作，小张的进步神速。他将公司给他的原有工资表（见图 3.14）进行了功能上的编辑，编辑的结果见图 3.15。中午小张请李师兄去吃饭，李师兄告诉他，其实 Excel 表的应用中所有的一部分数据分析功能才是 Excel 表格的精髓所在。小张心想，那我什么时候会用到这些功能呢？

小张坐到自己位置上仔细地总结了财务部的排版要求。

秦平保险有限公司员工发放工资表								
员工编号	员工姓名	性别	身份证号	基本工资	岗位工资	绩效	补贴	总工资
N001	朱培亮	男	2052719850401000	400	1408	500	500	2808
N002	秦宝欢	男	2052819850921000	850	1936	600	500	3886
N003	尤　奉	男	2052919690826000	1050	2376	800	600	4826
N004	许万生	男	2053019640722000	1200	1232	600	500	3532
N005	何志捷	男	2053119771108000	600	2112	600	500	3812
N006	吕颖玲	女	2053219741025000	1250	704	500	400	2854
N007	施小龙	男	2053319820626000	450	2200	600	500	3750
N008	张　波	男	2053419850705000	600	1936	400	400	3336
N009	孔庭保	男	2053519771208000	800	1848	500	500	3648
N010	曹　晨	男	2053619801005000	400	2288	500	500	3688
N011	严兴臣	男	2053719881008000	950	704	300	500	2454
N012	华晓峰	男	2053819900308000	350	1144	300	500	2294
N013	金治明	男	2053919730603000	400	1848	600	500	3348
N014	魏五桐	男	2054019861115000	750	1144	500	500	2894
N015	陶少敏	女	2054119870218000	850	2376	300	400	3926
N016	姜晓安	女	2054219640312000	600	1408	800	600	3408
N017	张成锁	男	2052719750401000	1150	1760	500	500	3910
N018	王耀春	女	2052819850921000	450	2200	300	400	3350
N019	陶俊伟	男	2052919690826000	900	1848	800	600	4148
N020	魏治业	男	2053019640722000	1250	2288	800	600	4938
N021	何元红	女	2053119771108000	350	968	600	500	2418
N022	王守富	男	2053219741025000	1000	1144	600	500	3244
N023	潘晋萍	女	2053319820626000	350	1320	500	500	2670
N024	叶　浓	女	2053419650705000	600	1056	800	600	3056
N025	戚云飞	男	2053519771208000	1050	1848	500	500	3898
N026	喻志强	男	2053619801005000	450	1056	500	500	2506
N027	柏青	女	2053719881008000	1250	2288	300	400	4238
N028	水守信	男	2053819800308000	350	1848	600	500	3298
N029	龚浩	男	2053919730603000	850	528	600	500	2478
N030	章月娇	女	2054019861115000	550	1056	500	400	2506
N031	云庭飞	男	2054119870218000	400	2024	300	400	3124
N032	苏小强	男	2054219740312000	700	1232	500	500	2932
N033	潘伟才	男	2054319741229000	750	1408	600	500	3258

图 3.14　案例原文

1．插入公式。

- 在表格的下方插入公式：

$$F_y = f\iint_D \frac{\rho(x,y)y\mathrm{d}\sigma}{(x^2+y^2+a^2)^{\frac{3}{2}}}$$

2．公式和函数应用。

- 增加一列，并输入列标题为“总工资”，利用公式计算每个员工的工资总和，填入相应的单元格内。

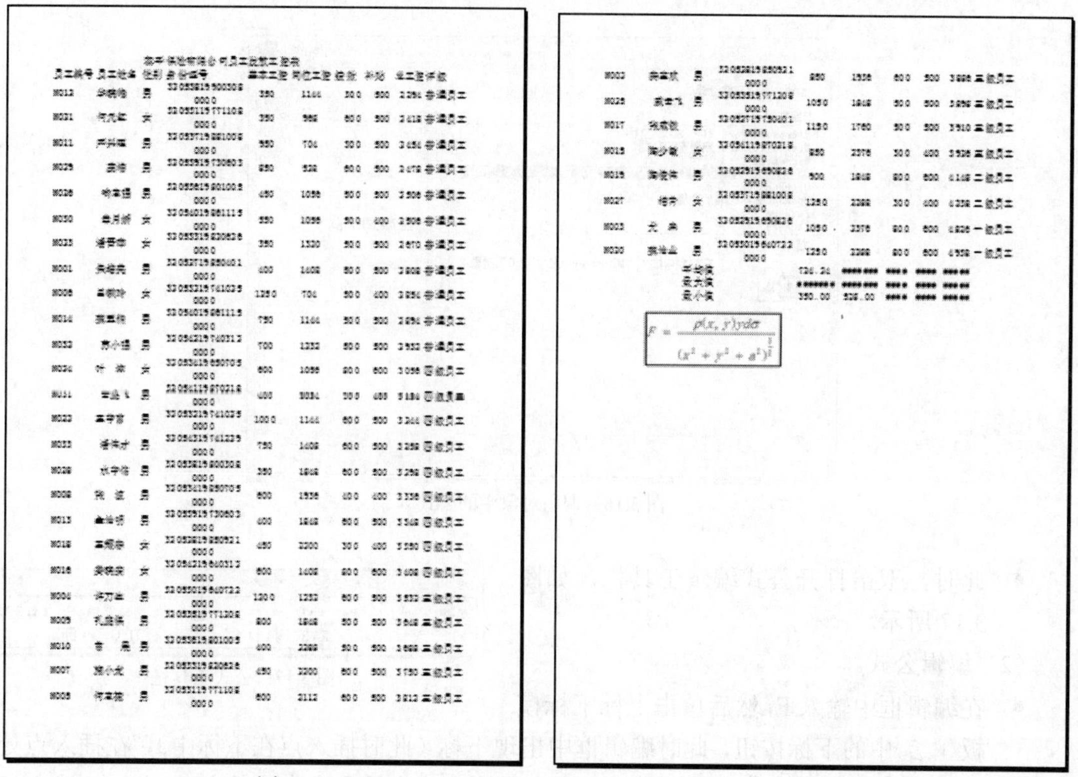

（a）

（b）

图 3.15　案例样文

- 增加三行，并分别输入行标题为“平均值”、“最大值”、“最小值”，再利用函数计算出每项工资的平均值、最大值、最小值（保留小数点后两位）。
- 再增加一列，输入列标题为“评级”，利用 IF 函数计算出每位员工的工资级别：总工资大于 4500 元为“一级员工”，总工资大于 4000 元小于 4500 元为“二级员工”，总工资大于 3500 元小于 4000 元为“三级员工”，总工资小于 3000 元为“四级员工”，其他为“普通员工”。

3．**数据排序**。

- 将各员工的基本工资总和从低到高排序。

4．**数据图表**。

- 利用各员工“员工姓名”、“基本工资”、“总工资”的数据生成一个“三维饼图”。

3.2.2　任务实现

1．**插入公式**。

（1）调用公式。

- 将鼠标定位到 B38 单元格处，选择“插入”菜单中的“文本”工作区，选中“对象”按钮，再在弹出的“对象”对话框中找到“Microsoft 公式 3.0”项，如图 3.16 所示。

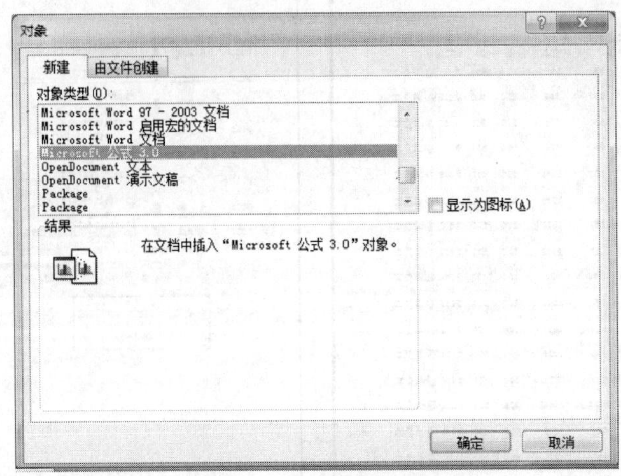

图 3.16　调用对象中的公式

- 此时，双击打开公式编辑工具栏，如图 3.17 所示。

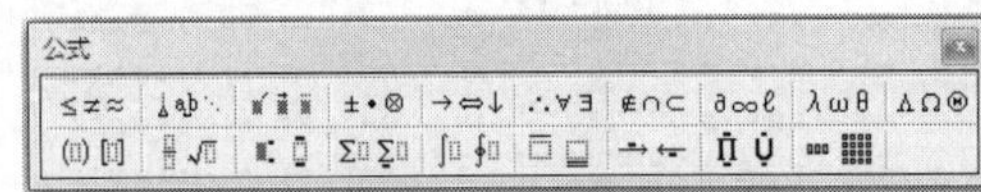

图 3.17　公式工具栏

（2）编辑公式。

- 在编辑框中输入 F，然后单击上标下标模板 中的下标按钮，此时编辑框中出现下标（此时插入点在下标中），在插入点处输入“y”，然后按【→】键将插入点定位到下一个输入点上，输入“=”，如图 3.18 所示。
- 继续输入“f”，再从积分模板 中单击双积分按钮，将鼠标移动到双积分符号下方输入“D”，再移动鼠标至积分符号右侧，如图 3.19 所示。
- 继续从分式和根式的模板 中单击分式按钮，此时编辑框中出现分式（此时插入点位于分子处），在插入点处输入“ $\rho(x, y)yd\sigma$ ”，如图 3.20 所示。

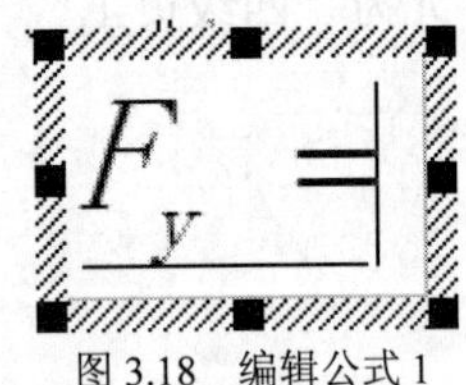

图 3.18　编辑公式 1

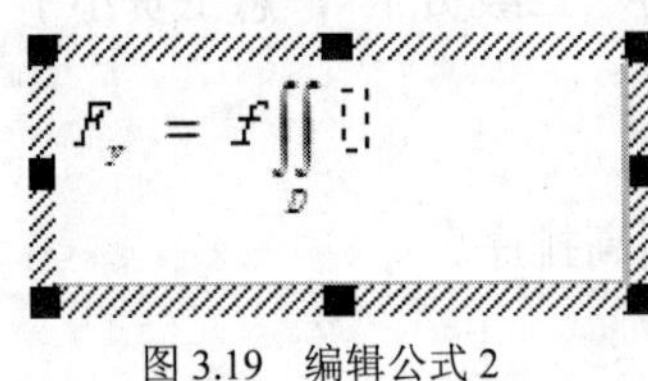

图 3.19　编辑公式 2

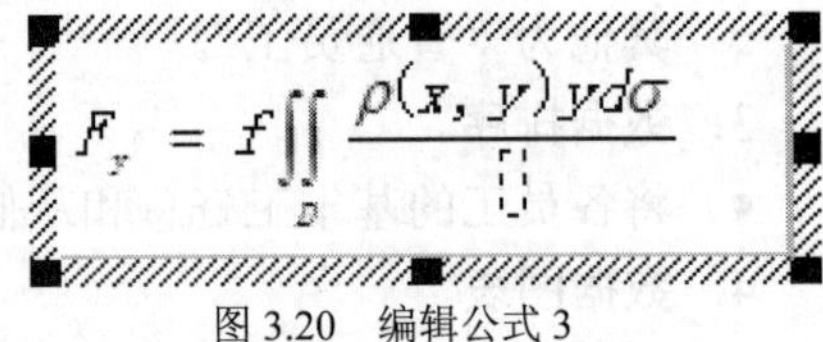

图 3.20　编辑公式 3

- 然后用［↓］键将插入点定位到分母上，输入“ $(x^2 + y^2 + a^2)$ ”，然后选择“上标和下标模板”中的“上标”，再在“分式和根式的模板”（ ）中选择“分式”选项，如图 3.21 所示。
- 在分式中输入“ $\frac{3}{2}$ ”即可，如图 3.22 所示。最后用鼠标单击编辑框外的任意处，完成公式的输入操作，回到文档的编辑状态。

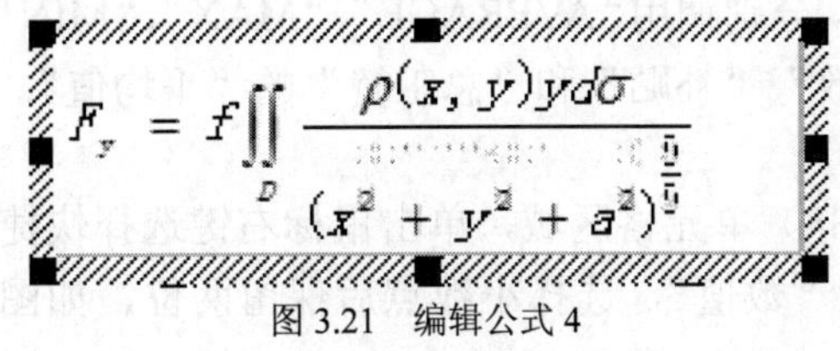

图 3.21　编辑公式 4

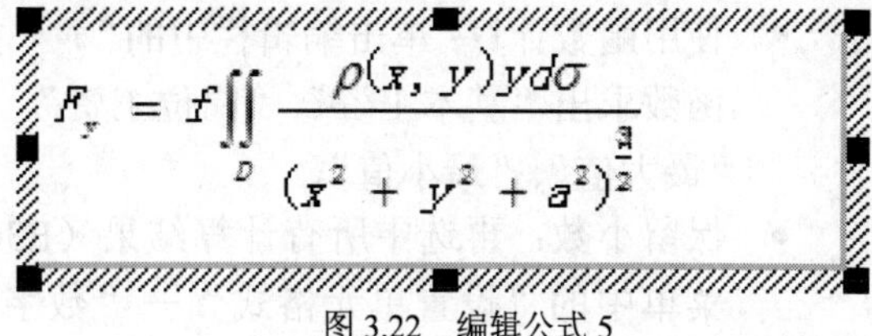

图 3.22　编辑公式 5

2．公式和函数应用。

（1）求和函数。

- 在 I2 单元格，输入“总工资”，然后在 I3 单元格中使用 SUM 函数（在编辑栏中输入公式为“=SUM(E3:H3)”或是单击编辑栏中的“fx”按钮调用求和函数“SUM”，再设置函数参数的范围为 E3：H3，如图 3.23 所示。计算出第 1 位员工的工资总和（I3），然后在 I3 单元格的右下角使用填充柄拖动，求出每位员工的工资总和，如图 3.24 所示。

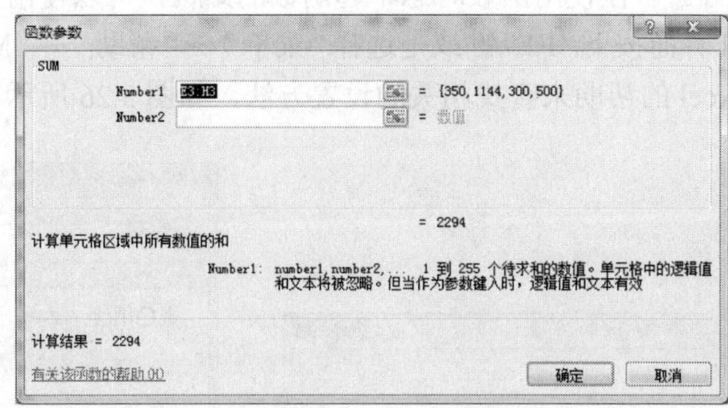

图 3.23　函数参数设置

A	B	C	D	E	F	G	H	I
泰平保险有限公司员工发放工资表								
员工编号	员工姓名	性别	身份证号	基本工资	岗位工资	绩效	补贴	总工资
N012	华晓峰	男	320538199003080000	350	1144	300	500	2294
N021	何元红	女	320531197711080000	350	968	600	500	
N011	严兴旺	男	320537198810080000	950	704	300	500	
N029	窦浩	男	320539197306030000	850	528	600	500	
N026	喻志强	男	320536198010050000	450	1056	500	500	
N030	章月娇	女	320540198611150000	550	1056	500	400	
N023	潘晋萍	女	320533198206260000	350	1320	500	500	

图 3.24　使用填充柄

（2）求“平均值”、“最大值”、“最小值”。

- 选择设置区域：分别合并 A36：D36，A37：D37，A38：D38 单元格，并在合并后的单元格中分别输入文字为“平均值”、“最大值”、“最小值”。
- 使用公式计算：选中 E36 单元格，在编辑栏中输入公式“=SUM（E3：E35）/33”，然后单击编辑栏中的“✓”按钮确定即可。

- 使用函数计算：单击编辑栏中的“fx”按钮，分别调用“AVERAGE”、“MAX”、“MIN”函数求出“基本工资”、“岗位工资”、“绩效”、“补贴”和“总工资”的“平均值”、“最大值”、“最小值”。
- 保留小数：再选中所有计算结果（E36：I38）单元格区域，单击鼠标右键选择快捷菜单中的“设置单元格式”→“数字”→“数值”，选择小数点后保留两位，如图3.25所示。

（小提示：一般情况下，可以使用常用的函数来解决计算问题最为简便，但是有些场合不适合用函数，如求破损率、到课率等特殊计算时，可使用公式+函数的方法，让计算更为轻松、简便。）

- 在J2单元格中输入“评级”，使用IF函数（具体公式为“=IF（I3>4500，"一级员工"，IF（I3>4000，"二级员工"，IF（I3>3500，"三级员工"，IF（I3>3000，"四级员工"，"普通员工"））））”）求出每位员工的工资级别。

（小提示：Excel的函数有很多类型，最为常用的是求和、求最大最小值、求平均值和判断、评级、文本链接等。若在使用函数时想不起函数的结构，可以使用Office的帮助。使用的方法：直接在Excel界面按下“F1”键或是选择“菜单”→“帮助”→“Microsoft Office Excel帮助”命令，打开Excel的帮助来查找相关的设置方法，如图3.26所示。）

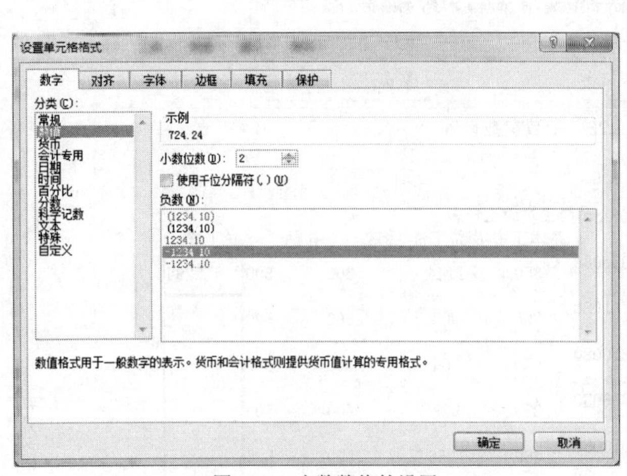

图3.25　小数数值的设置

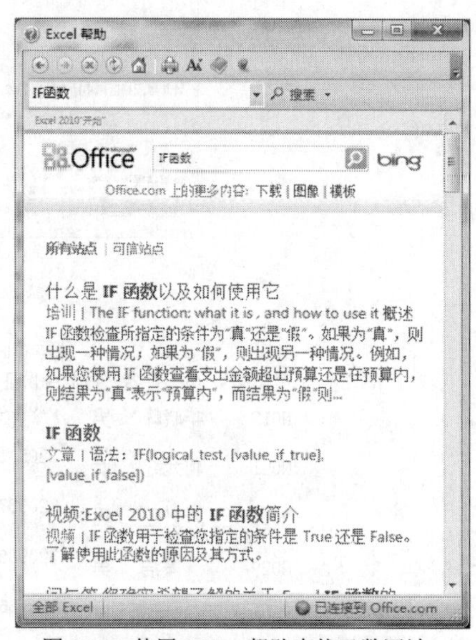

图3.26　使用Office帮助查找函数语法

3．**数据排序。**

- 选择A2：J35单元格区域，再单击“数据”菜单项下的“排序和筛选”区域的“排序”功能键，在弹出的“排序”对话框中选择“主要关键字”为“总工资”，排序依据为“数值”，次序为“升序”（即为从低到高排序），如图3.27所示。

4．**数据图表。**

- 生成饼图：用鼠标选择“员工姓名”一列（B2：B12），按住“Ctrl”键后选择“总工资”列（即I2：I12单元格区域），然后单击“插入”菜单的“图表”区域的“饼图”

中的“三维饼图”生成饼图。

- 修饰图表：选中刚生成的图表，打开“图表工具”中的“图表布局”区域的“布局 1”生成带工资比例的“三维饼图”，如图 3.28 所示。

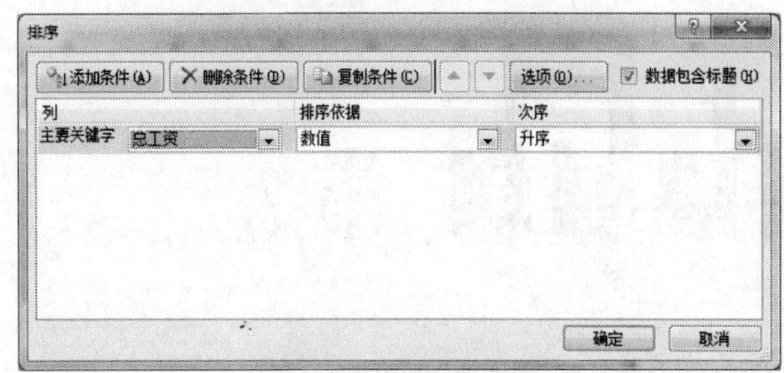

图 3.27　排序设置

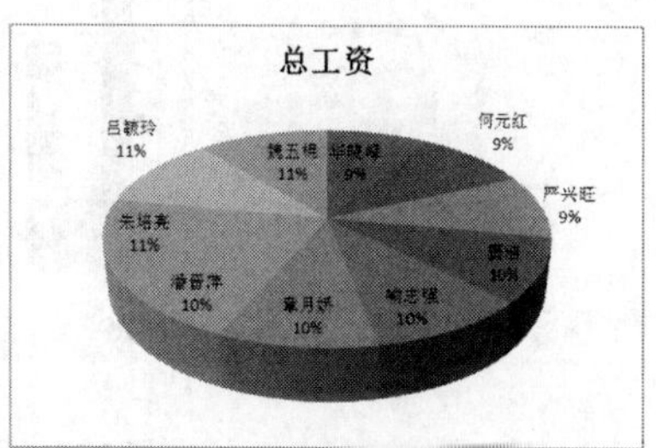

图 3.28　生成数据图表

3.2.3　课后练习

根据下列任务要求进行设置（参见“3.2 素材.xlsx”）。

世界部分地区经济增长率（%）				
地区	2001	2002	2003	2004
亚洲	9.6	7.2	7.5	8.4
西欧	2.9	2.5	1.6	2.5
非洲	2.9	2.9	4.8	3.1
拉美	8	4.3	3.5	4.3

图 3.29　经济增长率

1．**插入公式**。

- 在表格下方插入如下公式：

$$S_n = \int_{X_0}^{X_1} \frac{\sqrt[3]{\pi^2}}{2} \sum_{j=0}^{n} \frac{(tx_{k_j})^j}{j} dt$$

2．**公式和函数应用**。

- 增加一列，并输入列标题为“平均增长率”，利用公式计算各地区的增长率总和，填入相应的单元格内。
- 增加两行，并分别输入行标题为“最大值”、“最小值”，再利用函数计算出每年各地区增长率的最大值、最小值。
- 再增加一列，输入列标题为“评级”，利用 IF 函数计算出每个地区的增长级别：平均增长率>5%为“高速增长地区”，平均增长率>3%为“中速增长地区”，其他为“普通地区”。

3．**数据排序**。

- 按照“平均增长率”从高到低进行排序。

4．**数据图表**。

- 利用“地区”、“2001”、“2002”、“2003”、“2004”和“平均增长率”的各列数据生

成一个“三维簇状柱形图”，如图 3.30 所示。

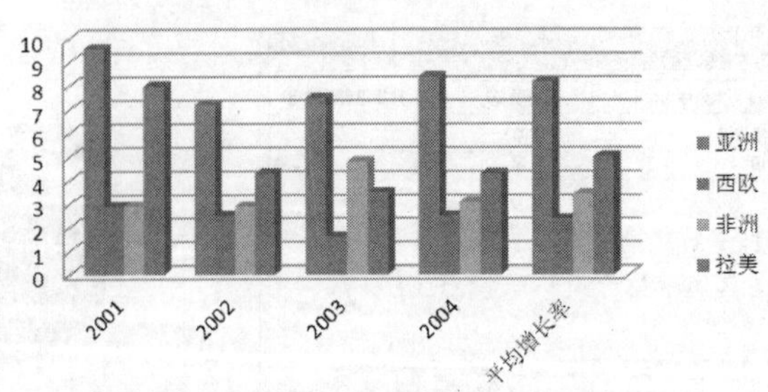

图 3.30　世界部分地区经济增长率三维簇状柱形图

任务 3　工资表数据的分析

情境创设

近日，公司总部决定到小张所在的财务部进行审计，要求财务部拿出一整套的汇报材料。这几天小张正在协助财务经理编写汇报所用到的材料。财务经理的要求很多，主要集中在数据的筛选结果、合并计算后的结果、分类汇总后的结果以及数据的透视表等。

1．数据筛选。对工作表数据清单的内容进行自动筛选。

2．数据合并计算。使用工作表中的数据进行合并计算。

3．数据分类汇总。使用工作表中的数据做分类汇总。

4．数据透视表。使用工作表中的数据，建立数据透视表。

3.3.1　任务分析

财务经理要求在部门原有数据（见图 3.31）的基础上小张把数据进行分析，并把分析的结果复制给他，因为他要做汇报的演示文稿（PPT）。小张感到所学的知识真是不够用了，他下班后就把数据复制回家，继续研究。他打开笔记本，在网上查了查操作的方法，根据网上的视频教程，一边学习一边跟着操作起来，通过一段时间的摸索后他觉得 Excel 的功能真是很多，而且还很实用，他得到了很大的收获。具体的要求如下。

1．**数据筛选**。

- 在 Sheet 1 工作表中，对工作表数据清单的内容进行自动筛选，筛选出“部门”为“业务部”、“政治面貌”是“中共党员”的员工。

2．**数据合并计算**。

- 使用 Sheet 2 工作表中的“2012 年 10 月泰平保险有限公司工资表”和“2012 年 11 月泰平保险有限公司工资表”、“2012 年 12 月泰平保险有限公司工资表”中的数据，在“2012 年第四季度泰平保险有限公司工资表”中进行“求和”合并计算。

泰平保险有限公司员工基本信息表

员工编号	员工姓名	性别	身份证号	政治面貌	籍贯	学历	职称	入职时间	部门	联系方式
N001	朱培亮	男	320527198504010000	中共党员	湖北武汉	大专	初级	2011.5	业务部	13876420211
N002	秦宝欢	男	320528198509210000	中共党员	湖北武汉	本科	初级	2011.5	财务部	13876420018
N003	尤　奉	男	320529196908260000	中共党员	湖北襄阳	大专	高级	2008.9	财务部	13176420364
N004	许万生	男	320530196407220000	群众	湖北襄阳	大专	高级	2009.11	财务部	15376420011
N005	何志犍	男	320531197711080000	群众	湖北襄阳	大专	中级	2010.5	总经办	13764200119
N006	吕韵玲	女	320532197410250000	群众	湖北大悟	大专	中级	2010.11	财务部	13886420010
N007	施小龙	男	320533198206260000	中共党员	湖南常德	本科	中级	2011.7	业务部	13876420011
N008	张　波	男	320534198507050000	群众	湖南浏阳	本科	初级	2011.5	业务部	13776420011
N009	孔庭保	男	320535197712080000	群众	湖北黄冈	大专	初级	2010.3	业务部	13886420310
N010	曹　晨	男	320536198010050000	群众	河南南阳	本科	中级	2009.8	业务部	13886423345
N011	严兴旺	男	320537198810080000	群众	河南新乡	本科	初级	2011.7	总经办	13776042002
N012	华晓峰	男	320538199003080000	群众	河南平顶山	本科	初级	2012.3	营业部	15326420029
N013	金治明	男	320539197306030000	中共党员	湖北襄阳	大专	初级	2008.3	总经办	13876420231
N014	魏五棉	男	320540198611150000	中共党员	河南平顶山	本科	初级	2007.6	客服部	15337642001
N015	陶少敏	女	320541198702180000	群众	广东潮州	本科	初级	2009.1	客服部	87769993
N016	黄晓安	女	320542196403120000	中共党员	河南南阳	本科	高级	2011.7	总经办	13176420572
N017	张成敏	男	320527197504010000	群众	广东揭阳	大专	中级	2012.3	行政部	13886423345
N018	王耀春	女	320528198509210000	群众	河南南阳	本科	初级	2011.5	行政部	87923641
N019	陶俊伟	男	320529196908260000	群众	广东江门	本科	初级	2009.1	信息技术部	13876420015
N020	魏治业	男	320530196407220000	中共党员	河南南阳	本科	初级	2012.3	行政部	13876420211
N021	何元红	女	320531197711080000	群众	广东东莞	本科	中级	2008.9	人力资源部	85356173
N022	王守富	男	320532197410250000	中共党员	广东东莞	大专	中级	2011.5	人力资源部	13876420011
N023	潘晋萍	女	320533198206260000	中共党员	广东东莞	本科	中级	2012.5	信息技术部	89642314
N024	叶　浓	女	320534196507050000	中共党员	福建福州	本科	高级	2008.9	人力资源部	1387642033
N025	威云飞	男	320535197712080000	中共党员	福建福州	本科	中级	2012.3	信息技术部	13876420034
N026	喻志强	男	320536198010050000	群众	福建福州	本科	初级	2011.5	人力资源部	13876420055
N027	柏青	女	320537198810080000	群众	福建莆田	本科	初级	2011.5	营业部	13877420231
N028	水守信	男	320538198003080000	群众	福建福州	本科	中级	2011.5	信息技术部	87736452
N029	奚浩	男	320539197306030000	群众	福建厦门	大专	中级	2007.6	业务部	13875420011
N030	姜月娇	女	320540198611150000	群众	福建莆田	本科	初级	2011.5	营业部	88396452
N031	云庭飞	男	320541198702180000	群众	福建莆田	本科	初级	2007.6	信息技术部	13876340088
N032	苏小狼	男	320542197403120000	群众	广东潮州	本科	中级	2011.5	信息技术部	13876420711
N033	潘伟才	男	320543197412290000	群众	广东潮州	本科	中级	2007.6	营业部	13876423311

（a）

2012年10月泰平保险有限公司工资表

员工编号	员工姓名	性别	基本工资	岗位工资	绩效	补贴	总工资
N001	朱培亮	男	400	1408	500	500	2808
N002	秦宝欢	男	850	1936	600	500	3886
N003	尤　奉	男	1050	2376	900	600	4926
N004	许万生	男	1200	1232	600	500	3532
N005	何志犍	男	600	2112	600	500	3812
N006	吕韵玲	女	1250	704	500	400	2854
N007	施小龙	男	450	2200	600	500	3750
N008	张　波	男	600	1936	400	400	3336
N009	孔庭保	男	800	1849	500	500	3649
N010	曹　晨	男	400	2283	500	500	3683
N011	严兴旺	男	950	704	300	500	2454
N012	华晓峰	男	350	1144	300	500	2294
N013	金治明	男	400	1849	600	500	3349
N014	魏五棉	男	750	1144	500	500	2894
N015	陶少敏	女	850	2376	300	400	3926
N016	黄晓安	女	600	1408	800	600	3408
N017	张成敏	男	1150	1760	500	500	3910
N018	王耀春	女	450	2200	300	400	3350
N019	陶俊伟	男	900	1849	900	500	4149
N020	魏治业	男	1250	2288	800	600	4938
N021	何元红	女	350	963	600	500	2413
N022	王守富	男	1000	1144	600	500	3244
N023	潘晋萍	女	350	1320	500	500	2670
N024	叶　浓	女	600	1056	300	600	3056
N025	威云飞	男	1050	1849	500	500	3899
N026	喻志强	男	450	1056	500	500	2506
N027	柏青	女	1250	2288	300	400	4238
N028	水守信	男	350	1849	600	500	3299
N029	奚浩	男	850	528	600	500	2478
N030	姜月娇	女	850	1056	600	400	2806
N031	云庭飞	男	400	2024	300	400	3124
N032	苏小狼	男	700	1232	500	500	2932
N033	潘伟才	男	750	1408	600	500	3258

（b）

2012年11月泰平保险有限公司工资表

员工编号	员工姓名	性别	基本工资	岗位工资	绩效	补贴	总工资
N001	朱培亮	男	400	1408	500	500	2808
N002	秦宝欢	男	850	1936	600	500	3886
N003	尤　奉	男	1050	2376	800	600	4826
N004	许万生	男	1200	1232	600	500	3532
N005	何志犍	男	600	2112	600	500	3812
N006	吕韵玲	女	1250	704	500	400	2854
N007	施小龙	男	450	2200	600	500	3750
N008	张　波	男	600	1936	400	400	3336
N009	孔庭保	男	800	1849	500	600	3749
N010	曹　晨	男	400	2283	500	500	3683
N011	严兴旺	男	950	704	300	500	2454
N012	华晓峰	男	350	1144	300	500	2294
N013	金治明	男	400	1849	600	500	3349
N014	魏五棉	男	750	1144	500	500	2894
N015	陶少敏	女	850	2376	400	400	4026
N016	黄晓安	女	600	1408	800	600	3408
N017	张成敏	男	1150	1760	500	500	3910
N018	王耀春	女	450	2200	400	400	3450
N019	陶俊伟	男	900	1849	900	500	4149
N020	魏治业	男	1250	2239	900	600	4989
N021	何元红	女	350	968	500	500	2318
N022	王守富	男	1000	1144	600	500	3244
N023	潘晋萍	女	350	1320	500	500	2670
N024	叶　浓	女	600	1056	800	600	3056
N025	威云飞	男	1050	1849	500	500	3399
N026	喻志强	男	450	1056	300	500	2306
N027	柏青	女	1250	2288	200	400	4138
N028	水守信	男	350	1849	600	500	3299
N029	奚浩	男	850	528	600	500	2478
N030	姜月娇	女	850	1056	500	400	2806
N031	云庭飞	男	400	2024	300	400	3124
N032	苏小狼	男	700	1232	500	500	2932
N033	潘伟才	男	750	1408	500	500	3158

（c）

图 3.31　案例原文—Sheet1

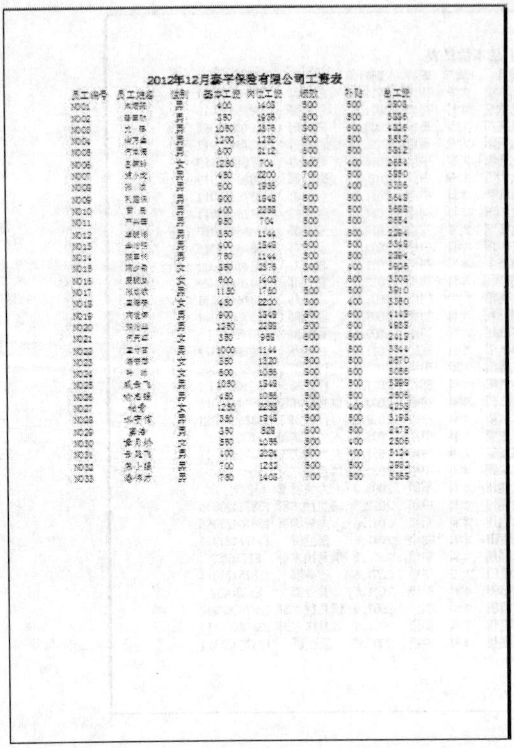

2012年12月泰平保险有限公司工资表

员工编号	员工姓名	性别	基本工资	岗位工资	绩效	补贴	总工资
N001	朱培英	男	400	1408	500	500	2808
N002	蔡宜欣	男	850	1936	600	500	3886
N003	尤　森	男	1050	2376	800	600	4826
N004	许万金	男	1200	1232	600	500	3532
N005	何志强	男	600	2112	600	500	3812
N006	吕莉玲	女	1250	704	300	400	2654
N007	熊小龙	男	450	2200	600	500	3750
N008	张　波	男	600	1936	400	400	3336
N009	孔腾飞	男	800	1848	500	500	3648
N010	曹　晨	男	400	2288	500	500	3688
N011	严兴旺	男	950	704	300	500	2454
N012	毕晓峰	男	350	1144	300	500	2294
N013	金浩明	男	400	1848	600	500	3348
N014	魏玉柱	男	750	1144	500	500	2894
N015	周少敏	女	850	2376	300	400	3926
N016	裴晓燕	女	600	1408	800	600	3408
N017	张成刚	男	1150	1760	500	500	3910
N018	王耀春	女	450	2200	300	400	3350
N019	周俊涛	男	900	1848	800	600	4148
N020	魏浩业	男	1250	2288	800	600	4938
N021	何元红	女	350	968	600	500	2418
N022	王守富	男	1000	1144	600	500	3244
N023	潘丽萍	女	350	1320	500	500	2670
N024	叶　涛	女	600	1056	800	600	3056
N025	戚云飞	男	1050	1848	500	500	3898
N026	钟志强	男	450	1056	500	500	2506
N027	杨秀	女	1250	2288	300	400	4238
N028	水守信	男	350	1848	600	500	3298
N029	龚玲	男	850	528	600	500	2478
N030	黄月婷	女	550	1056	500	400	2506
N031	岳建飞	男	400	2024	300	400	3124
N032	苏小强	男	700	1232	500	500	2932
N033	潘伟才	男	750	1408	600	500	3258

（d）

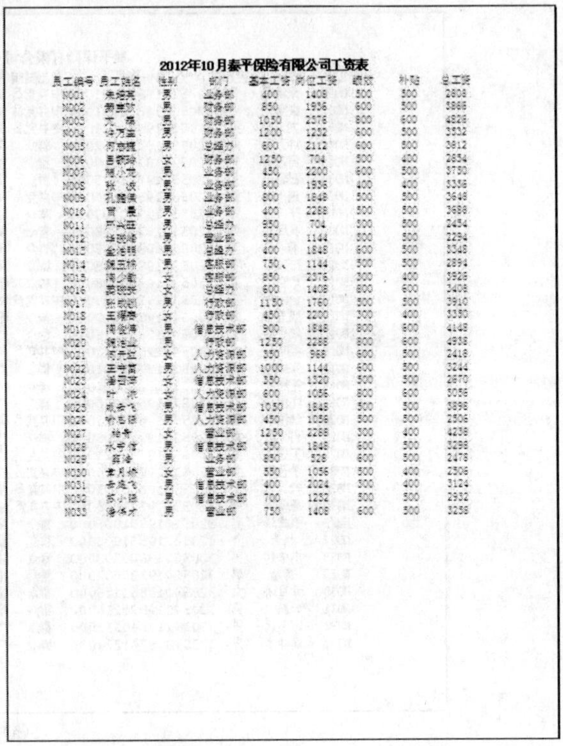

2012年10月泰平保险有限公司工资表

员工编号	员工姓名	性别	部门	基本工资	岗位工资	绩效	补贴	总工资
N001	朱培英	男	业务部	400	1408	500	500	2808
N002	蔡宜欣	男	财务部	850	1936	600	500	3886
N003	尤　森	男	财务部	1050	2376	800	600	4826
N004	许万金	男	财务部	1200	1232	600	500	3532
N005	何志强	男	总经办	600	2112	600	500	3812
N006	吕莉玲	女	财务部	1250	704	300	400	2654
N007	熊小龙	男	业务部	450	2200	600	500	3750
N008	张　波	男	业务部	600	1936	400	400	3336
N009	孔腾飞	男	业务部	800	1848	500	500	3648
N010	曹　晨	男	业务部	400	2288	500	500	3688
N011	严兴旺	男	总经办	950	704	300	500	2454
N012	毕晓峰	男	营业部	350	1144	300	500	2294
N013	金浩明	男	总经办	400	1848	600	500	3348
N014	魏玉柱	男	客服部	750	1144	500	500	2894
N015	周少敏	女	客服部	850	2376	300	400	3926
N016	裴晓燕	女	总经办	600	1408	800	600	3408
N017	张成刚	男	行政部	1150	1760	500	500	3910
N018	王耀春	女	行政部	450	2200	300	400	3350
N019	周俊涛	男	信息技术部	900	1848	800	600	4148
N020	魏浩业	男	行政部	1250	2288	800	600	4938
N021	何元红	女	人力资源部	350	968	600	500	2418
N022	王守富	男	人力资源部	1000	1144	600	500	3244
N023	潘丽萍	女	信息技术部	350	1320	500	500	2670
N024	叶　涛	女	人力资源部	600	1056	800	600	3056
N025	戚云飞	男	信息技术部	1050	1848	500	500	3898
N026	钟志强	男	人力资源部	450	1056	500	500	2506
N027	杨秀	女	营业部	1250	2288	300	400	4238
N028	水守信	男	信息技术部	350	1848	600	500	3298
N029	龚玲	男	业务部	850	528	600	500	2478
N030	黄月婷	女	营业部	550	1056	500	400	2506
N031	岳建飞	男	信息技术部	400	2024	300	400	3124
N032	苏小强	男	信息技术部	700	1232	500	500	2932
N033	潘伟才	男	营业部	750	1408	600	500	3258

（e）

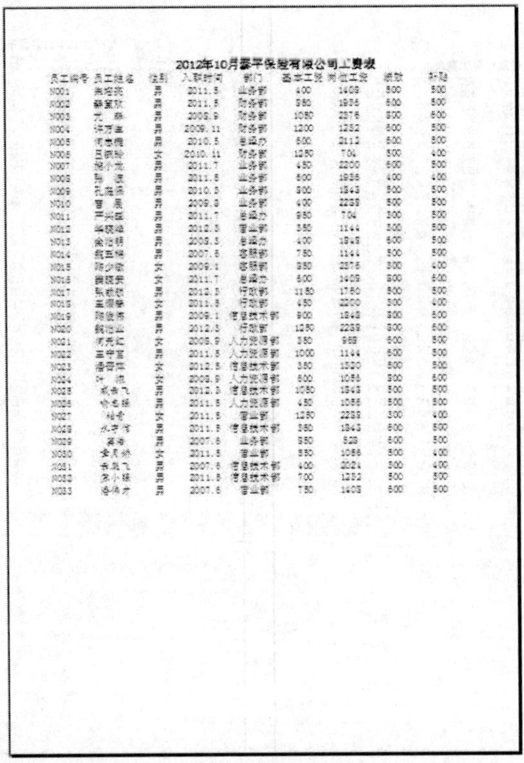

2012年10月泰平保险有限公司工资表

员工编号	员工姓名	性别	入职时间	部门	基本工资	岗位工资	绩效	补贴
N001	朱培英	男	2011.5	业务部	400	1408	500	500
N002	蔡宜欣	男	2011.5	财务部	850	1936	600	500
N003	尤　森	男	2008.9	财务部	1050	2376	800	600
N004	许万金	男	2009.11	财务部	1200	1232	600	500
N005	何志强	男	2010.5	总经办	600	2112	600	500
N006	吕莉玲	女	2010.11	财务部	1250	704	300	400
N007	熊小龙	男	2011.7	业务部	450	2200	600	500
N008	张　波	男	2011.5	业务部	600	1936	400	400
N009	孔腾飞	男	2010.5	业务部	800	1848	500	500
N010	曹　晨	男	2009.8	业务部	400	2288	500	500
N011	严兴旺	男	2011.7	总经办	950	704	300	500
N012	毕晓峰	男	2012.5	营业部	350	1144	300	500
N013	金浩明	男	2008.3	总经办	400	1848	600	500
N014	魏玉柱	男	2007.6	客服部	750	1144	500	500
N015	周少敏	女	2009.1	客服部	850	2376	300	400
N016	裴晓燕	女	2011.7	总经办	600	1408	800	600
N017	张成刚	男	2012.3	行政部	1150	1760	500	500
N018	王耀春	女	2011.5	行政部	450	2200	300	400
N019	周俊涛	男	2009.1	信息技术部	900	1848	800	600
N020	魏浩业	男	2012.3	行政部	1250	2288	800	600
N021	何元红	女	2008.9	人力资源部	350	968	600	500
N022	王守富	男	2011.5	人力资源部	1000	1144	600	500
N023	潘丽萍	女	2012.5	信息技术部	350	1320	500	500
N024	叶　涛	女	2008.9	人力资源部	600	1056	800	600
N025	戚云飞	男	2012.3	信息技术部	1050	1848	500	500
N026	钟志强	男	2011.5	人力资源部	450	1056	500	500
N027	杨秀	女	2011.5	营业部	1250	2288	300	400
N028	水守信	男	2011.5	信息技术部	350	1848	600	500
N029	龚玲	男	2007.6	业务部	850	528	600	500
N030	黄月婷	女	2011.5	营业部	550	1056	500	400
N031	岳建飞	男	2007.6	信息技术部	400	2024	300	400
N032	苏小强	男	2011.5	信息技术部	700	1232	500	500
N033	潘伟才	男	2007.6	营业部	750	1408	600	500

（f）

图 3.31　案例原文—Sheet1（续）

3．**数据分类汇总**。

- 使用 Sheet 3 工作表中的数据，以“部门”为分类字段，对“基本工资”、“总工资”做“平均值”的分类汇总。

4．**数据透视表**。

- 使用 Sheet 4 工作表中的数据，以“入职时间”为“报表筛选”，以“姓名”为“行标签”，以“部门”为“列标签”，以“总工资”为“数值”进行“求和”，从 Sheet 5 工作表的 A1 单元格起建立数据透视表。

3.3.2　任务实现

小张在不断的学习中发现，数据的分析是 Excel 的特点，Excel 是处理数据最有效的软件。每一个功能都非常实用，也可以用于嵌入 Word 和 PowerPoint 中。于是，他利用公司的现有数据把 Excel 中最常用到的数据分析的功能进行了总结，具体操作过程如下。

1．**数据筛选**。

- 将鼠标定位到 Sheet1 工作表中，单击“数据”菜单下的“排序和筛选”区域中的“筛选”，将工作表定义为自动筛选。然后，选择“部门”筛选项下的“业务部”（其他项取消）；选择“政治面貌”筛选项下的“中共党员”（其他项取消），即可生成筛选结果，如图 3.32 所示。

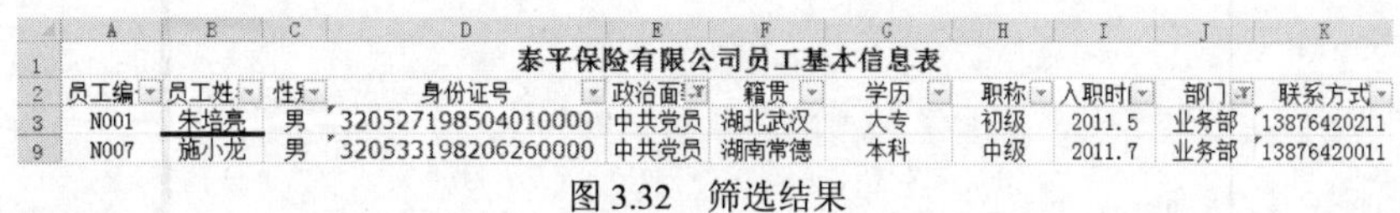

	A	B	C	D	E	F	G	H	I	J	K
1	泰平保险有限公司员工基本信息表										
2	员工编	员工姓	性别	身份证号	政治面	籍贯	学历	职称	入职时	部门	联系方式
3	N001	朱培亮	男	320527198504010000	中共党员	湖北武汉	大专	初级	2011.5	业务部	13876420211
9	N007	施小龙	男	320533198206260000	中共党员	湖南常德	本科	中级	2011.7	业务部	13876420011

图 3.32　筛选结果

2．**数据合并计算**。

- 将鼠标定位到 Sheet2 工作表中的空白区域，选择“数据”菜单项下的“数据工具”区域中的“合并计算”功能键，则在弹出的“合并计算”的对话框中选择“函数”为“求和”。
- 引用位置为“2012 年 10 月泰平保险有限公司工资表”和“2012 年 11 月泰平保险有限公司工资表”、“2012 年 12 月泰平保险有限公司工资表”中的数据，即分别选中 A2：H35、A40：H73、A79：H112 单元格区域单击“添加”，如图 3.33 所示。
- 然后单击“确定”按钮即可。因“员工编号”、“员工姓名”和“性别”均不在合并计算的范围内，则经过整理后可得到合并计算的结果如图 3.34 所示。

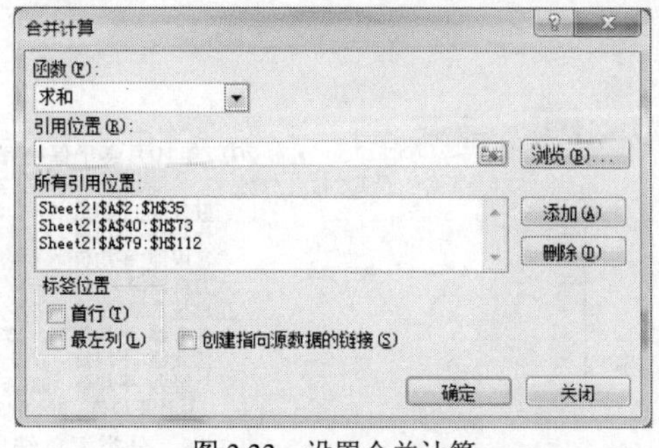

图 3.33　设置合并计算

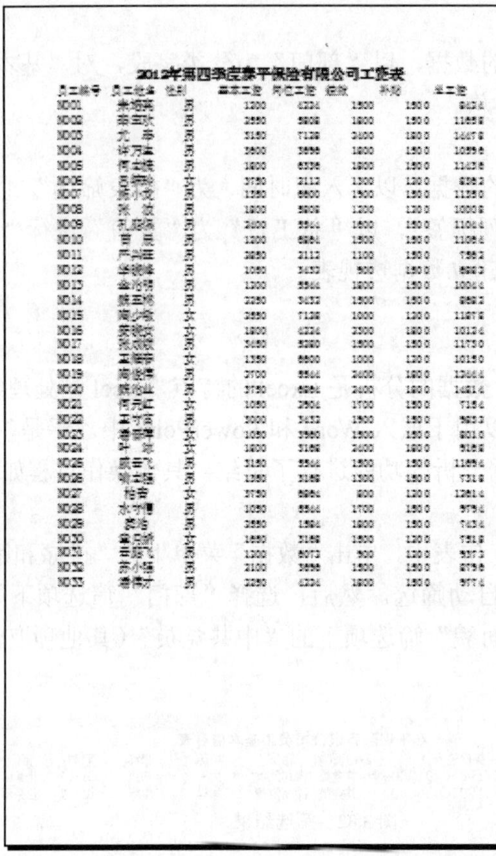

2012年第四季度泰平保险有限公司工资表

图 3.34　合并计算结果

3．数据分类汇总。

- 排序：将鼠标定位到 Sheet3 工作表中，单击“数据”菜单项下的“排序和筛选”区域中的“排序”功能，对该工作表按“部门”的“升序”（即按照部门名称的汉语拼音开头字母，从 A～Z 的顺序）排序。
- 分类汇总：选择“数据”菜单项下的“分级显示”区域中的“分类汇总”功能键，再在弹出的“分类汇总”对话框中设置“部门”为分类字段；“汇总方式”为“平均值”；“选定汇总项”为“基本工资”、“总工资”，如图 3.35 所示。然后单击“确定”按钮即可完成分类汇总的设置，如图 3.36 所示。

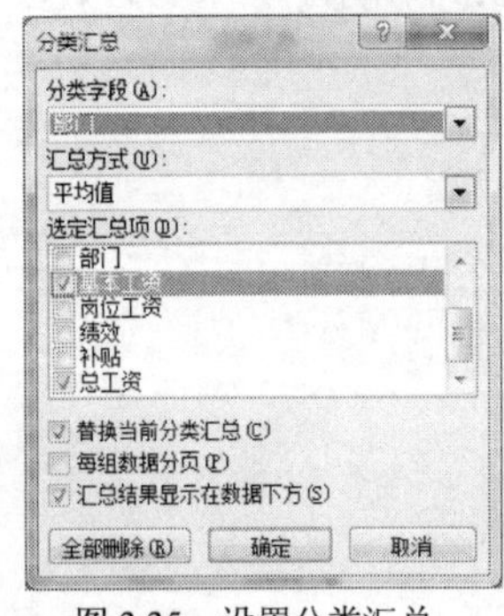

图 3.35　设置分类汇总

	A	B	C	D	E	F	G	H	I
1	2012年10月泰平保险有限公司工资表								
2	员工编号	员工姓名	性别	部门	基本工资	岗位工资	绩效	补贴	总工资
7				财务部 平均值	1087.5				3774.5
11				行政部 平均值	950				4066
14				客服部 平均值	800				3410
19				人力资源部 平均	600				2806
26				信息技术部 平均	625				3345
33				业务部 平均值	583.3333				3284.667
38				营业部 平均值	725				3074
43				总经办 平均值	637.5				3255.5
44				总计平均值	724.2424				3346.545

图 3.36　分类汇总结果

4．数据透视表。

（1）对话框设置。

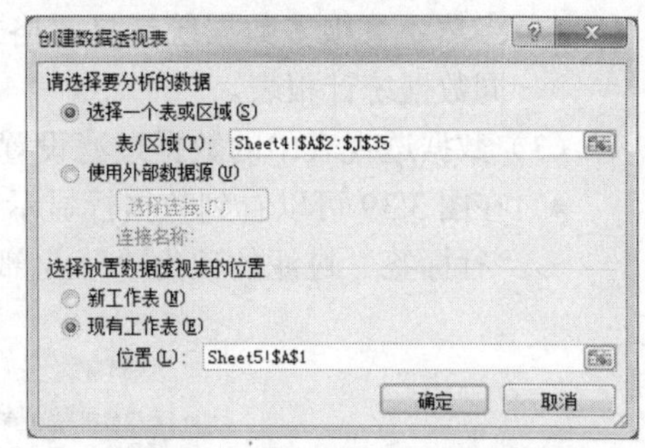

图 3.37　设置数据透视表对话框

- 将鼠标定义到 Sheet4 工作表中，单击“插入”菜单中的“表格”区域中的“数据透视表”调用“数据透视表”的对话框，再在该对话框中设置：选择一个表或区域为 A2：J35；选择放置数据透视表的位置为 Sheet5 中的 A1 单元格，如图 3.37 所示。默认情况选择 Excel 工作表中的所有数据创建数据透视表，单击“确定”按钮即可。

（2）布局设置。

- 单击“确定”按钮后。Excel 将自动创建新的空白数据透视表，如图 3.38 所示。

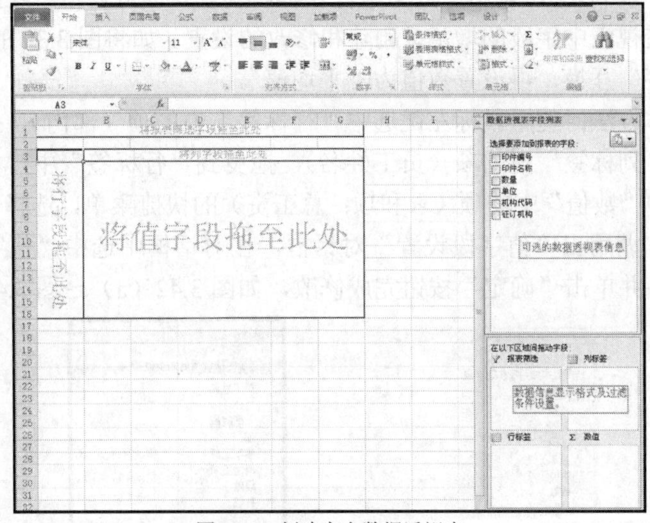

图 3.38　创建空白数据透视表

- 将“入职时间”拖曳到“报表筛选”，将“姓名”拖曳到“行标签”，将“部门”拖到“列标签”，将“总工资”拖曳到“数值”，设置为“求和项”。
- 设置完成后，如图 3.39 的数据透视表布局设置，生成的数据透视表如图 3.40 所示。

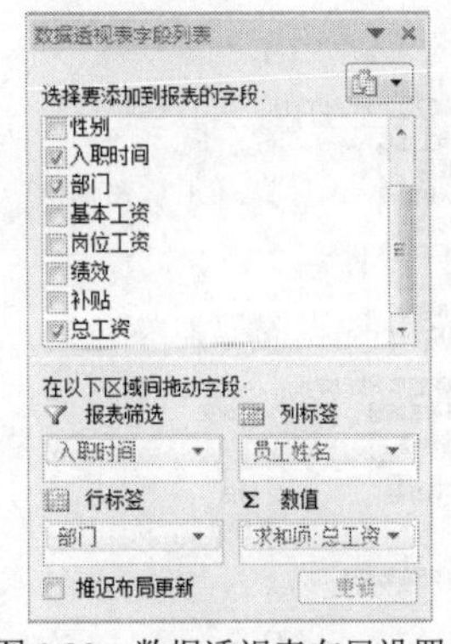

图 3.39　数据透视表布局设置

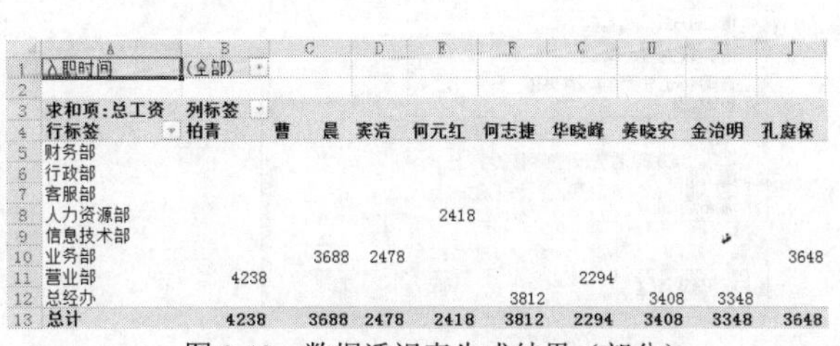

入职时间	(全部)								
求和项:总工资	列标签								
行标签	柏青	曹　晨	宾浩	何元红	何志捷	华晓峰	姜晓安	金治明	孔庭保
财务部									
行政部									
客服部									
人力资源部				2418					
信息技术部									
业务部		3688	2478						3648
营业部	4238					2294			
总经办					3812		3408	3348	
总计	4238	3688	2478	2418	3812	2294	3408	3348	3648

图 3.40　数据透视表生成结果（部分）

- 当然还有很多数据统计显示格式，只要按自己的需求进行字段的拖放，即可得到不同数据统计报表。

（3）数据透视表中的数据过滤设置。

- 在图 3.39 可以看到数据行显示“部门”，数据列显示“员工姓名”。在图 3.40 中选择“行标签”过滤的项为“营业部”，如图 3.41 所示。

	A	B	C	D	E	F
1						
2	入职时间	(全部)				
3						
4	平均值项:总工资	列标签				
5	行标签	柏青	华晓峰	潘伟才	章月娇	总计
6	营业部	4238	2294	3258	2506	3074
7	总计	4238	2294	3258	2506	3074

图 3.41　数据过滤设置

（4）数据透视表的修改。

- 选中数据透视表中的任意单元格，然后单击“数据透视表工具”→“选项”→“显示”→“字段列表”，调用“数据透视表字段列表”任务窗格。在此任务窗格中可以进行数据透视表中字段的增加、删除和修改的设置。如将图 3.39 的结果中“行标签”和“列标签”互换，再设置数值为“平均值”。
- 设置的具体方法：使用鼠标左键选中“行标签”中的项（部门），拖曳到“列标签”中，再将“列标签”中的项（员工姓名），拖曳到“行标签”中，如图 3.42（a）；使用鼠标选中“数值”中的项（求和项：总工资）的快捷菜单，选择快捷菜单中的“值字段设置”调用出“值字段设置”对话框。在对话框中选中“值字段汇总方式”为“平均值”，并单击“确定”按钮完成修改，如图 3.42（a）～图 3.42（e）所示。

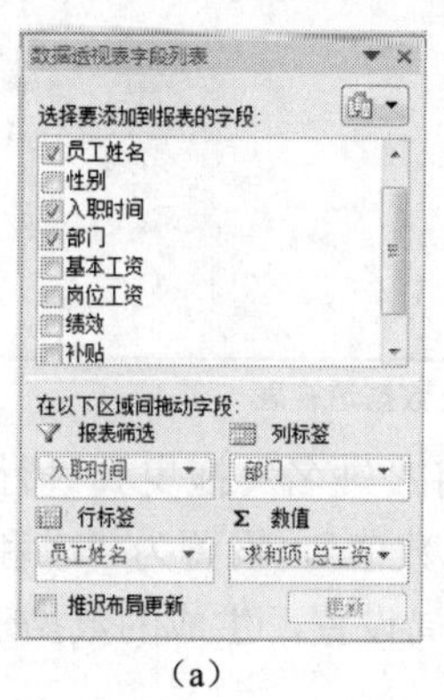

（a）

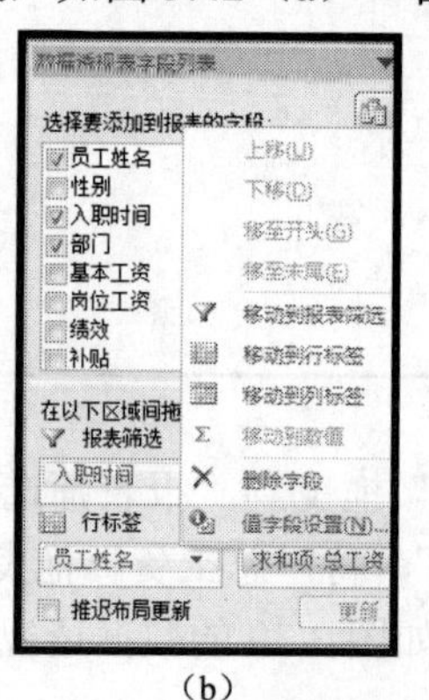

（b）

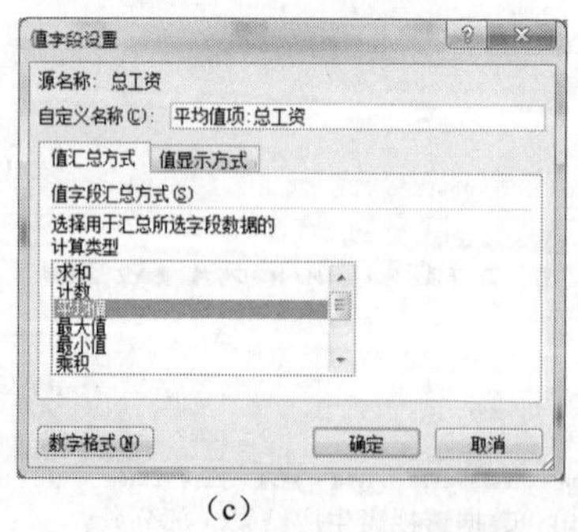

（c）

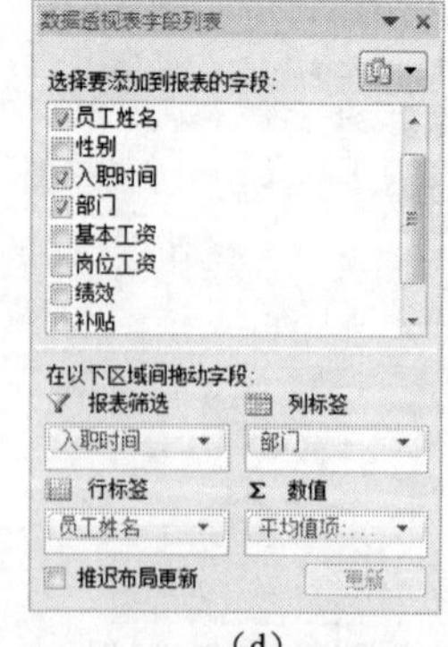

（d）

图 3.42　数据透视表中字段的修改

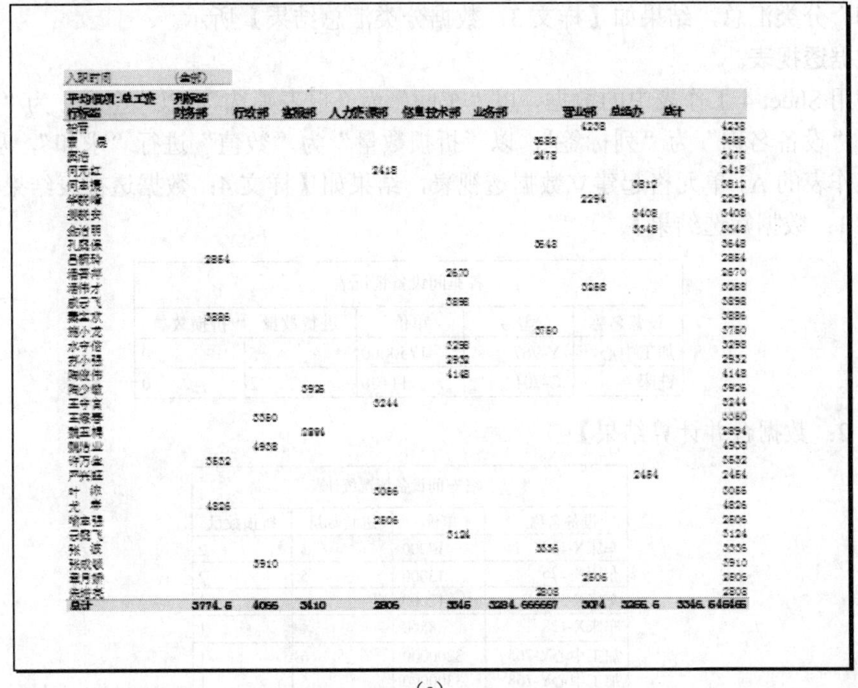

(e)

图 3.42　数据透视表中字段的修改（续）

（5）数据透视表的删除。

- 选中数据透视表中的任意单元格，然后单击“数据透视表工具”→“选项”→“显示”→“字段列表”，调用“数据透视表字段列表”任务窗格。在任务窗格中的“选择要添加到报表的字段”下的选中项（即勾选项）全部去掉即可，如图 3.43 所示。

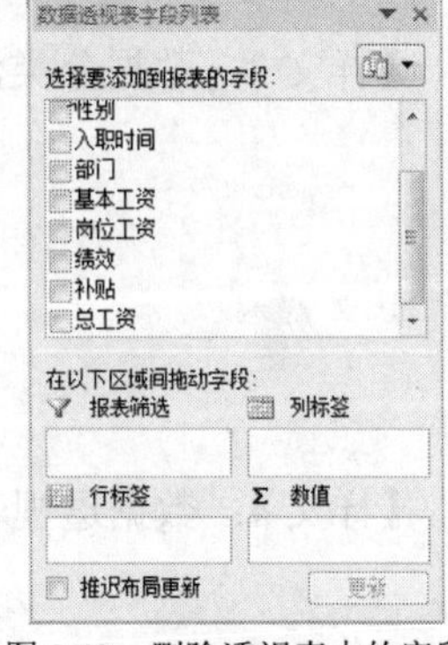

图 3.43　删除透视表中的字段

（小提示：数据透视表被广泛应用于数据核算、材料统计与汇报等工程领域，具有可视性强、分析准确等优点。数据透视表的功能非常强大，可对数据进行分类、筛选、计算等，是 Excel 表中的综合应用功能。在日常办公中，可利用数据透视表的字段设置功能灵活地调整数据透视表的布局，以达到最为理想的可视效果。）

3.3.3　课后练习

根据下列任务要求进行设置。

1．**数据筛选。**

- 使用 Sheet1 工作表中的数据，筛选出“折损数量”为 0 的几率，结果如【样文 1：数据筛选结果】所示。

2．**数据合并计算。**

- 使用 Sheet 2 工作表“第一车间设备情况”和“第二车间设备情况”中的数据，在“设备统计表”中进行“求和”合并计算，如【样文 2：数据合并计算结果】所示。

3．**数据分类汇总。**

- 使用 Sheet 3 工作表中的数据，以“设备名称”为分类字段，将“折损数量”进行“求和”分类汇总，结果如【样文 3：数据分类汇总结果】所示。

4．**数据透视表。**

- 使用 Sheet 4 工作表中的数据，以“车间”为“报表筛选”，以“型号”为“行标签”，以“设备名称”为“列标签”，以“折损数量”为“数值”进行“求和”，从 Sheet 5 工作表的 A1 单元格起建立数据透视表，结果如【样文 4：数据透视表结果】所示。

【样文 1：数据筛选结果】

各车间设备情况表				
设备名称	型号	单价	进货数量	折损数量
加工中心	Y-967	1750000	5	0
铣床	C-701	11100	2	0

【样文 2：数据合并计算结果】

各车间设备情况统计表			
设备名称	单价	进货数量	折损数量
车床X-125	17200	3	2
车床X-226	13000	5	2
车床X-587	12000	6	3
车床X-128	8800	4	1
加工中心Y-765	3200000	6	1
加工中心Y-768	3300000	5	1
加工中心Y-967	1750000	5	0
铣床C-705	8900	3	1
铣床C-101	10800	4	2
铣床C-502	19400	4	1
铣床C-601	27000	5	1
铣床C-701	11100	2	0

【样文 3：数据分类汇总结果】

各车间设备情况表				
设备名称	型号	单价	进货数量	折损数量
车床 汇总				8
加工中心 汇总				2
铣床 汇总				5
总计				15

【样文 4：数据透视表结果】

车间	第一车间			
求和项：折损数量	设备名称			
型号	车床	加工中心	铣床	总计
C-101			1	1
C-502			1	1
C-601			0	0
C-701			0	0
X-125	2			2
X-226	1			1
X-587	3			3
Y-765		1		1
Y-768		0		0
Y-967		0		0
总计	6	1	2	9

第4章 办公演示文稿处理

Microsoft PowerPoint 2010 演示文稿软件主要用丁制作演讲、报告、公司简介、产品介绍，是一种电子版的幻灯片，它提供了世界上最出色的功能，其增强后的功能可创建专业水准的文档，利用它还可更轻松、高效地组织和编写文档，并使这些文档唾手可得。

本章结合泰平保险公司日常办公文档的实际，分别制作公司简介、产品介绍等演示文档，旨在训练学生能从解决实际演示文档设置出发，举一反三，熟练掌握一整套的演示文档设置方法。

任务1 公司简介

情境创设

泰平保险公司为了开拓新产品，拟借助年终答谢会介绍公司的发展历程和公司的最新产品车险。现要求业务部小张制作一份演示文稿，内容包括公司简介、产品介绍等。小张在参阅公司资料、准备好相关素材后，经过技术分析，结合 PowerPoint 2010 制作幻灯片的方法和步骤，完成了该任务。任务内容中包括的功能如下：

1．新建幻灯片。

2．设置字体、字形、字号。

3．设置字间距、行间距、段间距。

4．设置文字对齐、颜色、底纹。

5．插入表格、图片、超链接。

6．设置幻灯片切换、动画效果、放映方式。

4.1.1 任务分析

所谓“演示文稿”，是指由 Microsoft PowerPoint 2010 制作的“.pptx”文件，用于在自我介绍或组织情况、阐述计划、实施方案时向大家展示的一系列材料，这些材料集文字、表格、图形、图像、动画及声音于一体，并以幻灯片的形式组织起来，能够极富感染力地表达出演讲者要表达的内容。

在 PowerPoint 中，演示文稿和幻灯片这两个概念是有差别的。演示文稿是一个“.pptx”

文件，而幻灯片是演示文稿中的一个页面。一份完整的演示稿由若干张相互联系并按一定顺序排列的“幻灯片”组成。

创建演示文稿有很多种方法，常用的方法有：内容提示向导、设计模板和空演示文稿，其中，“内容提示向导”是创建演示文稿最迅速的方法，它提供了建议内容和设计方案，是初学者最常用的方式；使用“设计模板”创建的演示文稿具有统一的外观风格，但和“内容提示向导”相比少了建议性内容；而“空演示文稿”不带任何模板设计，只具有布局格式的白底幻灯片。本例将采用“空演示文稿”的方法从无到有地创建“泰平保险.pptx”演示文稿。

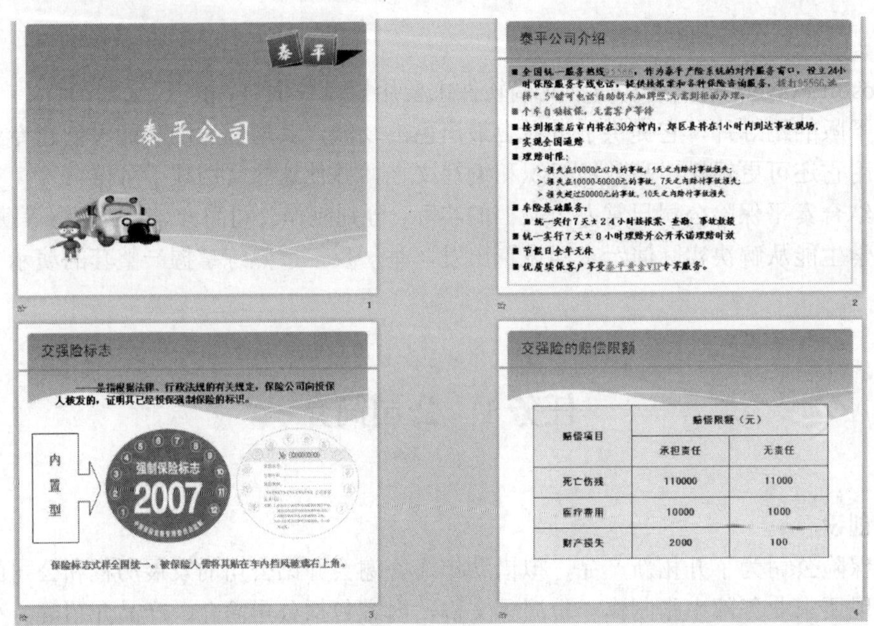

图 4.1　幻灯片样文

4.1.2　任务实现

1. **新建公司简介演示文稿。**

- 新建演示文稿：在桌面上单击“开始”按钮，点开“所有程序”选项，选择“Microsoft Office”程序集中的“Microsoft PowerPoint 2010”，启动 PowerPoint 2010，建立新的演示文稿。
- 新建幻灯片：单击菜单栏“开始”选项，选择“新建幻灯片”按钮，新建幻灯片。总共新建 3 页新的幻灯片。这样，新建的演示文稿就包含 4 页幻灯片了（如图 4.2 所示）。
- 幻灯片版式设置：新建演示文稿时得到的第 1 页幻灯片，默认采用了“标题幻灯片”的版式。直接单击“新建幻灯片”按钮新建的演示文稿，默认采用了“标题和内容”的版式。针对本例，无需再进行幻灯片版式的设置。如需修改，可在左侧导航栏选择相应幻灯片，单击打开“开始”菜单“新建幻灯片”按钮右侧的“版式”，根据预览效果，选择版式设置。

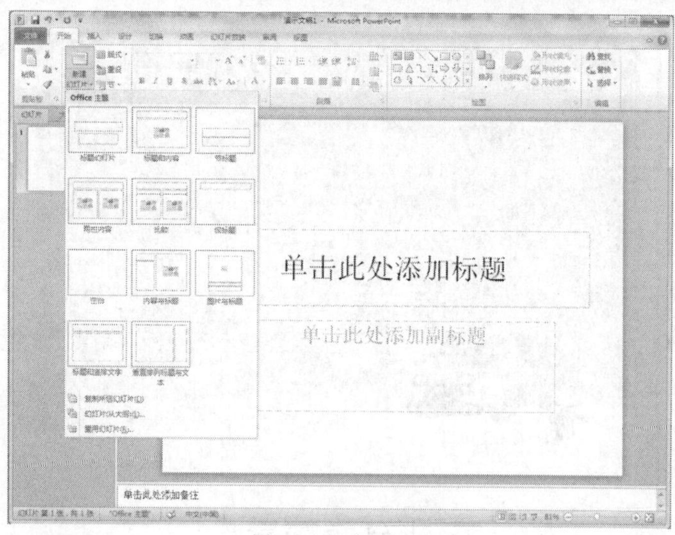

图 4.2　新建幻灯片

2．**设计幻灯片**。

- 新建的幻灯片，每一页默认采用白色背景。为美化幻灯片效果，可对幻灯片背景进行设计。
- 设计幻灯片：单击打开菜单栏“设计”选项，可以看到 Microsoft PowerPoint 2010 提供了各种各样的幻灯片设计效果。直接单击，就可以将设计效果应用到幻灯片。本例中，所采用的是顺数第 6 个设计样式“波形”。应用后，每张幻灯片都根据各自的版式，应用了“波形”设计样式（如图 4.3 所示）。

图 4.3　设计幻灯片

3．**编辑幻灯片**。

（1）首页幻灯片。

- 对于首页幻灯片，需要完成文本录入和格式设置，图片插入和设置，以及动画设置 3 个步骤（如图 4.4 所示）。

图 4.4　首页效果

- 文本录入和格式设置：在首页幻灯片的标题文本框中，录入公司名称“泰平公司”。选中标题文字，单击打开菜单栏“开始”选项，在“字体”区域将字型下拉列表框设置为“华文新魏”，“字号”下拉列表框设置为“60”，并设置文字阴影效果（如图 4.5 所示）。然后，删除标题文本框下方的副标题文本框。
- 图片插入和设置：单击打开菜单栏“插入”选项，选择“图片”按钮（如图 4.6 所示）。

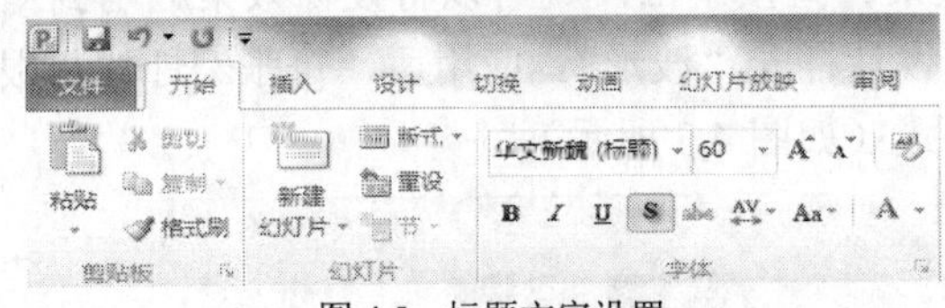

图 4.5　标题文字设置

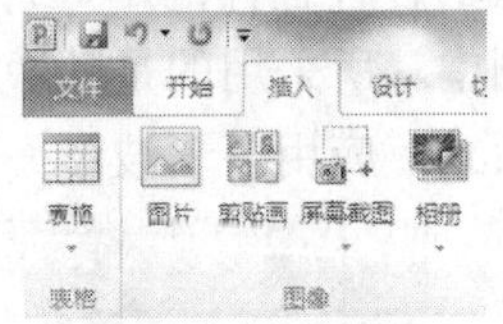

图 4.6　插入图片

- 插入“小车.jpg”图片。用鼠标右键单击该图片，设置图片大小和位置，“高度”为 4.85 厘米，“宽度”为 8.65 厘米（如图 4.7 所示），并将该图片移动到首页幻灯片的左下角。使用同样的方法，插入“矩形 01.jpg”和“矩形 02.jpg”图片，放置在首页幻灯片的右上角。
- 动画设置：单击打开菜单栏“动画”选项，对标题文字“泰平公司”设置动画效果“多个”（如图 4.8 所示）。

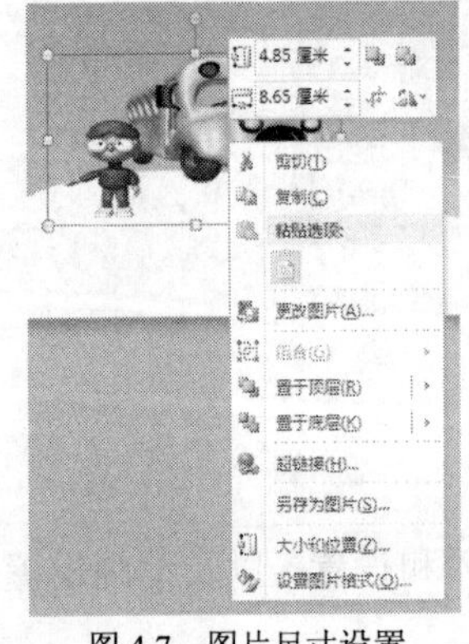

图 4.7　图片尺寸设置

图 4.8　标题文字动画设置

（2）编辑第 2 页幻灯片。

- 对于第 2 页幻灯片，需要完成标题文本录入和格式设置，正文文本录入和格式设置，超链接设置、图形绘制以及文本框设置 5 个步骤（如图 4.9 所示）。

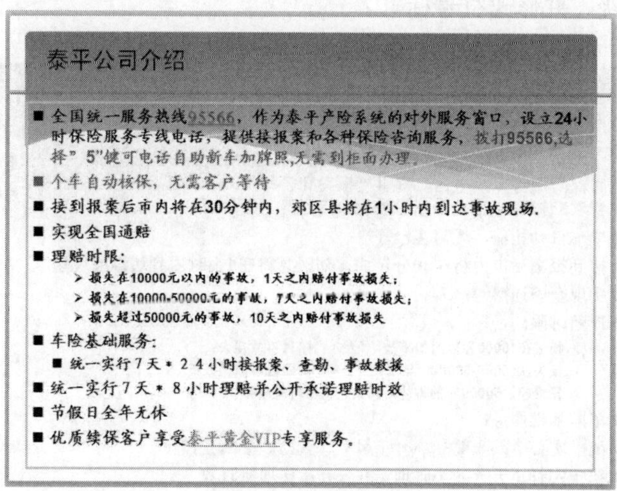

图 4.9　第 2 页效果

- 标题文本录入和格式设置：在第 2 页幻灯片的标题文本框中，录入“泰平公司介绍”。选中标题文字，单击打开菜单栏“开始”选项，在“字体”区域的下拉列表框将字型设置为“黑体”、在“字号”下拉列表框选择“28”，并设置“文字颜色”为“黑色”，“文字对齐”为“左对齐”。然后，根据文本的高度，调整文本框的高度。
- 正文文本录入和格式设置：在第 2 页幻灯片的内容文本框中，录入效果图所示的文本内容。根据文本内容，调整文本框的高度和宽度。全选文字，单击打开菜单栏“开始”选项，在“字体”区域的下拉列表框将字型设置为“楷体”，在“字号”下拉列表框选择“20”，“文字对齐”方式设置为“左对齐”。参照效果图样式，将相应的文字设置颜色为“黑色”或“红色”，并为“95566”添加“下划线”和“文字阴影”。修改项目符号样式，将录入文本选中，单击“开始”选项的“项目符号”按钮，选择“■”样式，并设置颜色为“黑色”（如图 4.10 所示）。

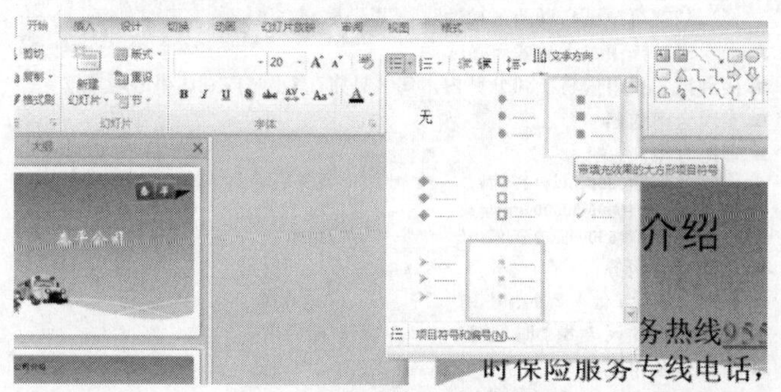

图 4.10　项目符号样式设置

- 然后，选择“理赔时限:”下的 3 段文字，将其项目符号的级别调低两级。操作方法为选中该段文字，将鼠标移动到项目符号处，按住鼠标左键并向右侧移动，移动一次，降低一个级别（如图 4.11 所示）。一共移动两次，完成级别的调整。同时，设置项目符号的标志为“➢”。使用同样的方法，将“车险基础服务:”下 3 段文字的项目符号调低一级，并修改符号标志。

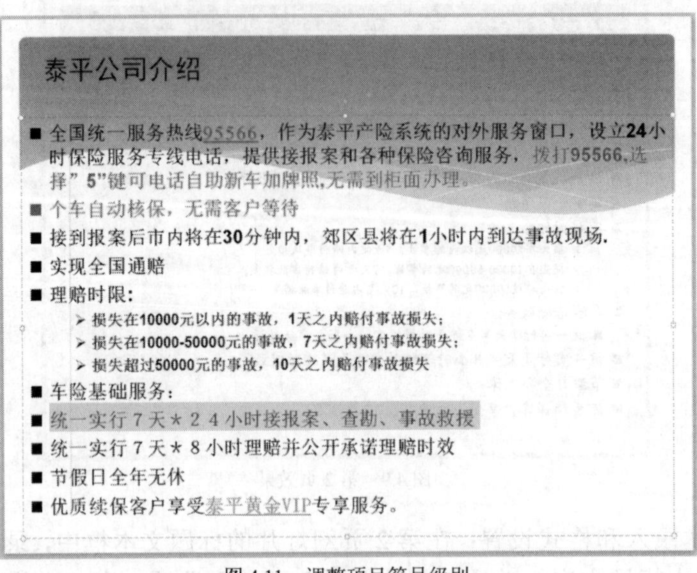

图 4.11 调整项目符号级别

- 超链接设置：在 PowerPoint 中，超链接可以连接到幻灯片、文件、网页或电子邮件地址等。超链接本身可能是文本或对象（如图片、图形或艺术文字）。如果链接指向另一张幻灯片，目标幻灯片将显示在 PowerPoint 演示文稿中，如果它指向某个网页、网络位置或不同类型的文件，则会在 Web 浏览器中显示目标页或在相应的应用程序中显示目标文件。超链接设置的方法为选中文字“泰平黄金 VIP”，单击鼠标右键，在弹出的菜单中选择“超链接”（如图 4.12 所示）。

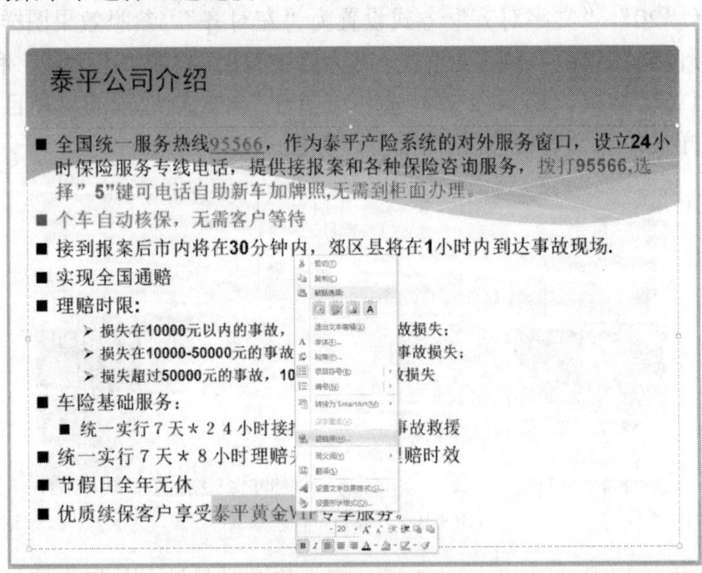

图 4.12 添加超链接

- 在弹出的窗口中，“链接到”选择“本文档中的位置”，“请选择文档中的位置”选择“幻灯片 4”（如图 4.13 所示）。
- 图形绘制：为了使页面标题和内容间的区别更加明显和美观，需要在标题文本框和内容文本框中，绘制一条分隔线。操作的方法为单击打开菜单栏“插入”选项，在“形状”按钮下选择“直线”，在幻灯片页面上，绘制一条直线（如图 4.14 所示）。

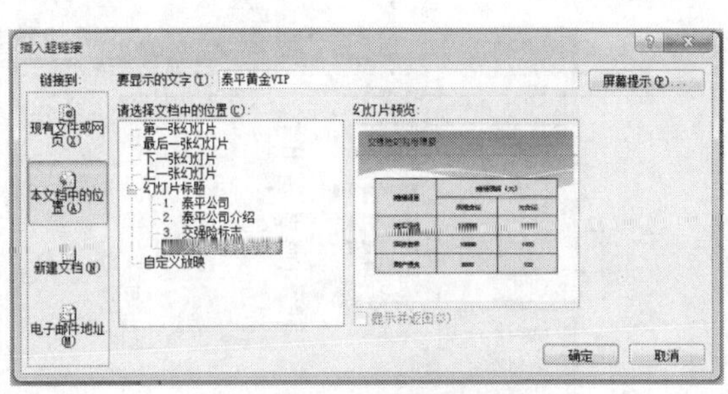

图 4.13　超链接设置

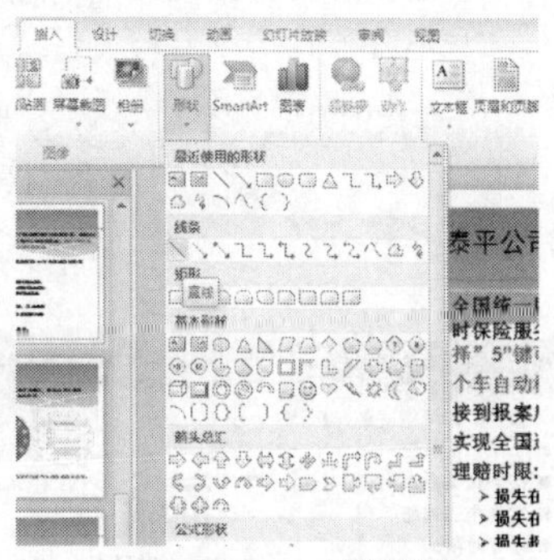

图 4.14　绘制直线

- 选中绘制好的直线，单击鼠标右键，在弹出菜单中选择“设置形状格式”选项，在弹出窗口中，设置“线条颜色”为“蓝色，强调文字颜色 2”（如图 4.15 所示）。
- 设置“线型”，将“宽度”调整为“4.5 磅”，在“复合类型”下拉列表框中选择“由细到粗”（如图 4.16 所示）。

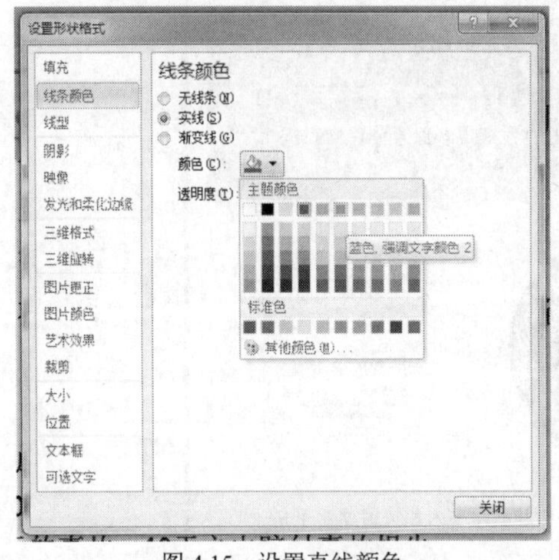

图 4.15　设置直线颜色

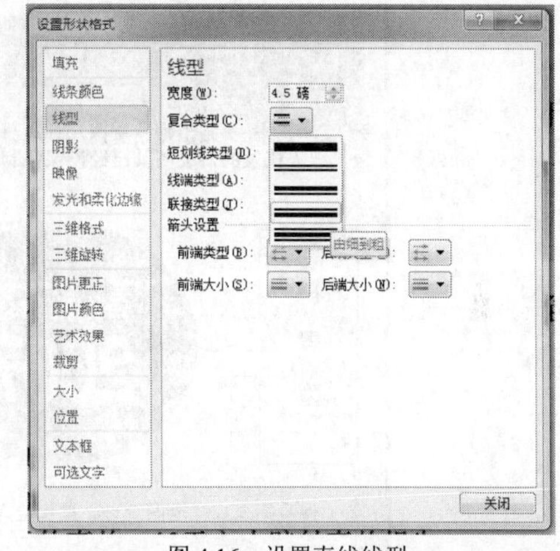

图 4.16　设置直线线型

- 完成以上设置后，将线条的位置调整到标题文本框和内容文本框之间（如图 4.17 所示）。

● 文本框设置：为了凸显内容文本框，需要设置文本框的边框颜色和宽度。操作方法为选中文本框，单击鼠标右键，在弹出的菜单中选择“设置形状格式”。在弹出的窗口中，设置“线条颜色”为“橙色”（如图 4.18 所示）。

- 设置“线型”，将“宽度”调整为“3 磅”（如图 4.19 所示）。

（3）编辑第 3 页幻灯片。

- 对于第 3 页幻灯片，需要完成标题文本录入和格式设置，正文文本录入和格式设置，图片的插入，图形绘制以及动画设置 5 个步骤（如图 4.20 所示）。

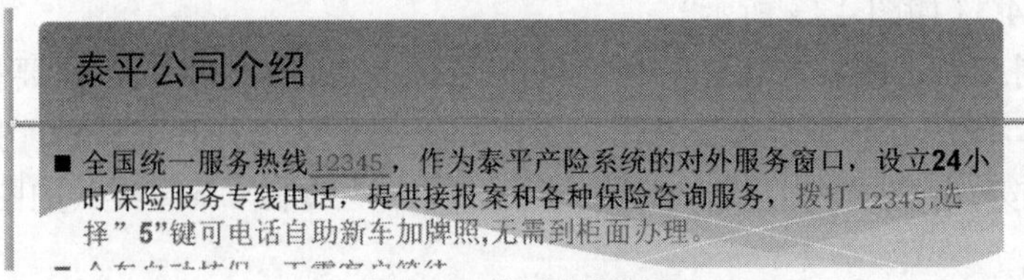

图 4.17　设置直线位置

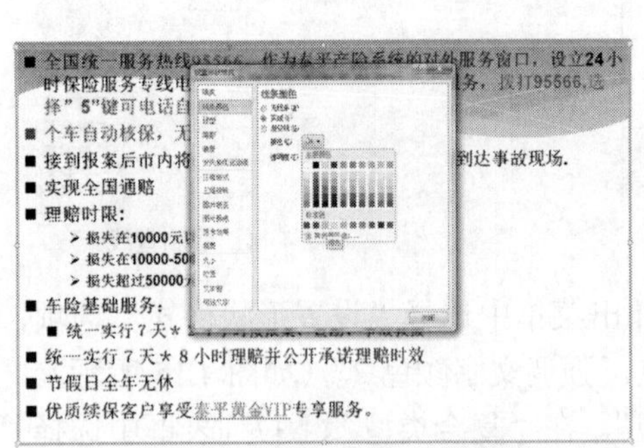

图 4.18　设置文本框线条颜色

图 4.19　设置文本框线条宽度

图 4.20　第 3 页效果

- 标题文本录入和格式设置：使用在第 3 页幻灯片中同样的方法，在标题文本框中，录入“交强险标志”。设置“字体”为“黑体”、“字号”为“28”、“文字颜色”为“黑色”，“文字对齐”为“左对齐”。然后，根据文本的高度，调整文本框的高度。
- 正文文本录入和格式设置：使用第 2 页幻灯片中同样的方法，录入效果图所示的第 1 段文本内容并设置文本框的位置。根据文本内容，调整文本框的高度和宽度。删除项目符号，首行空两格，设置“字体”为“楷体”、“字号”为“20”、“文字对齐”

为“左对齐”、“文字颜色”为“黑色”。复制这个文本框，移动到幻灯片页的下方，录入效果图所示的第 2 段文本内容，同时将“文字颜色”设置为“红色”。

- 图片的插入：使用第 1 页幻灯片中同样的方法，插入“交强险标志正面.jpg”和“交强险标志背面.jpg”。鼠标右键单击该图片，设置两张图片大小，“高度”均为 8.39 厘米，“宽度”均为 9.9 厘米（如图 4.21 所示），并将该图片移动到效果图所示的位置。
- 图形绘制：在页面的左侧，绘制一个右箭头标注，并完成文字录入。操作方法为单击打开菜单栏“插入”选项，在“形状”按钮下选择“右箭头标注”，到幻灯片页面上，进行绘制（如图 4.22 所示）。

图 4.21　图片尺寸设置

图 4.22　绘制右箭头标注

- 选中绘制好的右箭头标注，单击鼠标右键，在弹出的菜单中选择“设置形状格式”选项，在弹出的窗口中，设置形状的“大小”，“高度”为 7.41 厘米，“宽度”为 4.82 厘米（如图 4.23 所示）。
- 设置形状的“填充”为“无填充”（如图 4.24 所示）。

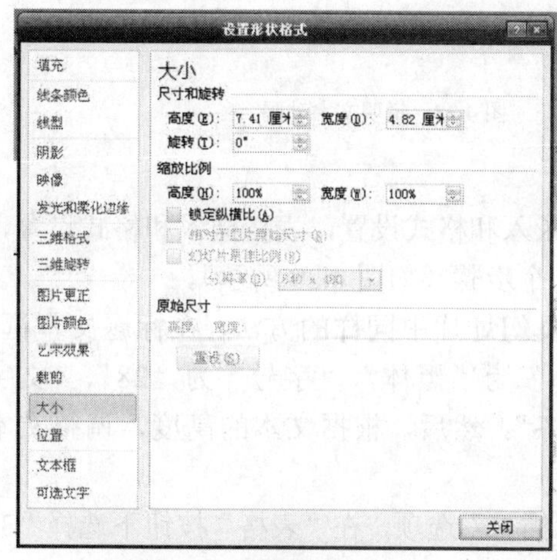

图 4.23　设置图形大小

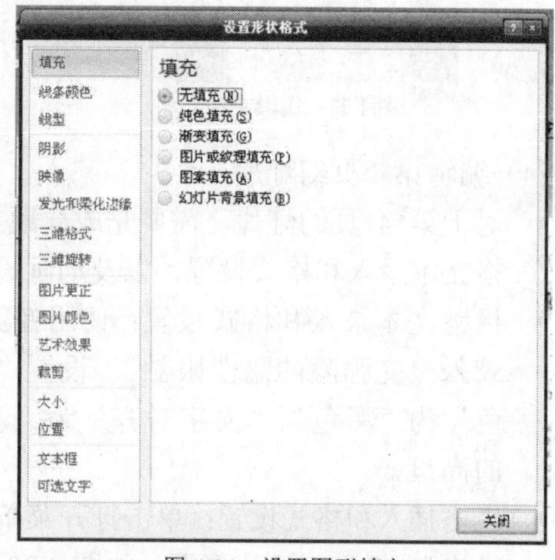

图 4.24　设置图形填充

- 设置形状的“线条颜色”为“黑色”（如图 4.25 所示）。
- 设置形状的“线型”的“宽度”为 0.75 磅（如图 4.26 所示）。

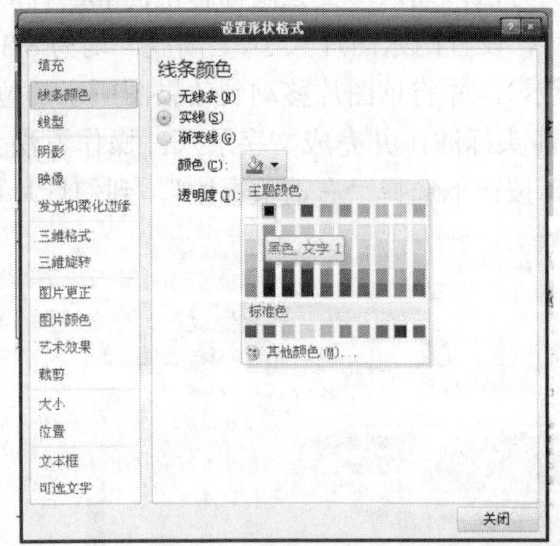

图 4.25　设置图形线条颜色

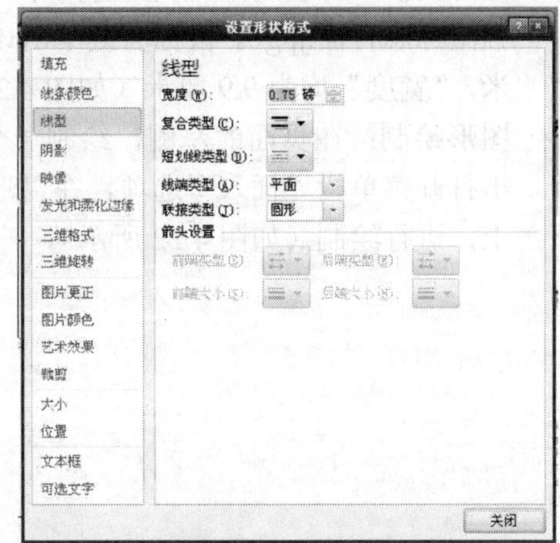

图 4.26　设置图形线型

- 选中设置好的右箭头标注，单击鼠标右键，在弹出的菜单中选择“编辑文字”选项，录入文字内容“内置型”。设置“字体”为“宋体”、“字号”为“24”、“字型”为“加粗”、“文字颜色”为“红色”（如图 4.27 所示）。使用回车键，将文字间的距离空开。然后，将该图形移动到效果图所示的位置。最后，复制第 2 页幻灯片中绘制的直线，粘贴到第 3 页和第 4 页幻灯片中。
- 动画设置：单击打开菜单栏“动画”选项，对幻灯片页下方的红色文字“保险标志式样……”设置动画效果“向内溶解”（如图 4.28 所示）。

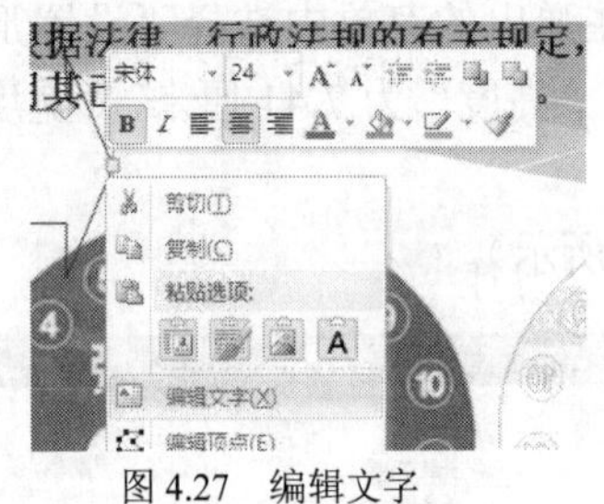

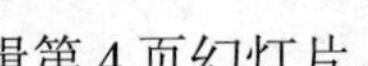
图 4.27　编辑文字

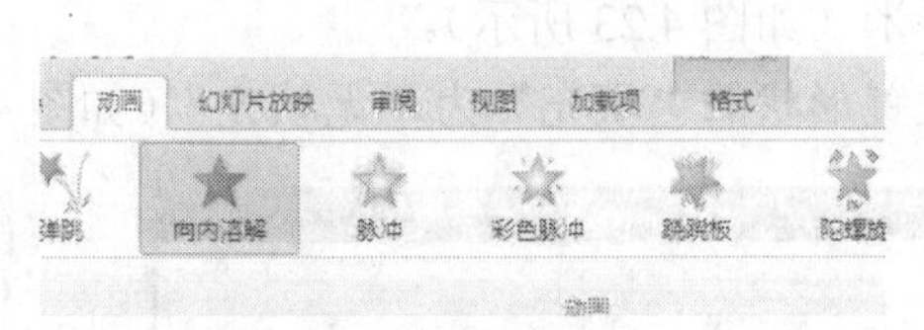

图 4.28　说明文字动画

（4）编辑第 4 页幻灯片。

- 对于第 4 页幻灯片，需要完成标题文本录入和格式设置，表格插入和格式设置，表格文本录入和格式设置，以及动画设置 4 个步骤（如图 4.29 所示）。
- 标题文本录入和格式设置：使用在第 2 页幻灯片中同样的方法，在标题文本框中，录入“交强险的赔偿限额”。设置“字体”为“黑体”、“字号”为“28”、“文字颜色”为“黑色”、“文字对齐”为“左对齐”。然后，根据文本的高度，调整文本框的高度。
- 表格插入和格式设置：单击打开菜单栏“插入”选项，在“表格”按钮下选择“3 × 5 表格”，插入幻灯片页面（如图 4.30 所示）。

赔偿项目	赔偿限额（元）	
	承担责任	无责任
死亡伤残	110000	11000
医疗费用	10000	1000
财产损失	2000	100

图 4.29　第 4 页效果

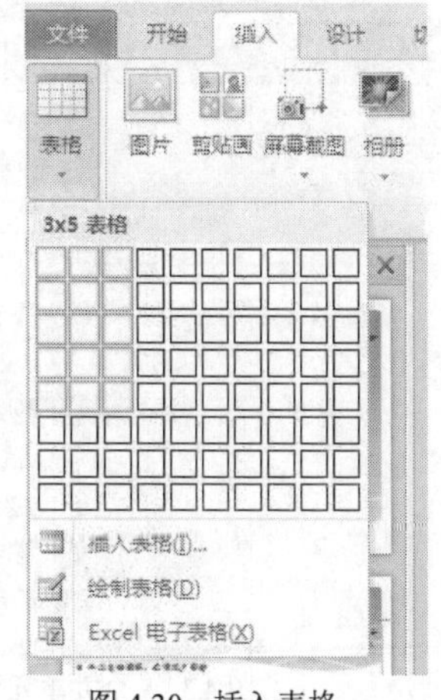

图 4.30　插入表格

- 单击打开菜单栏“设计”选项，将“表格样式”设置为“无样式，无网格”（如图 4.31 所示）。

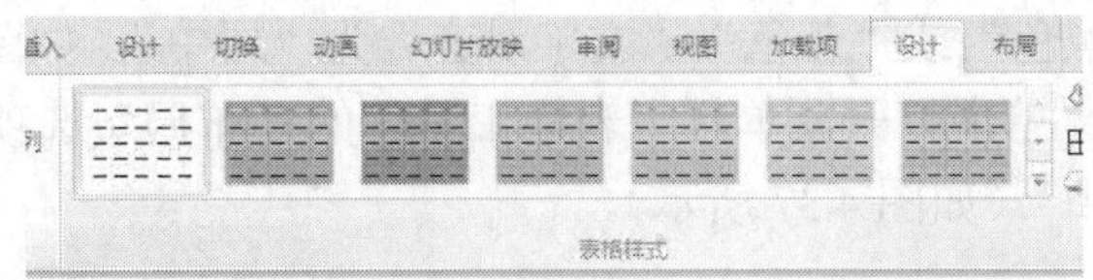

图 4.31　表格样式

- 将“底纹”设置为“黄色”（如图 4.32 所示）。
- 将“边框”设置为“所有框线”（如图 4.33 所示）。参照效果图样式，调整表格的大小和位置。

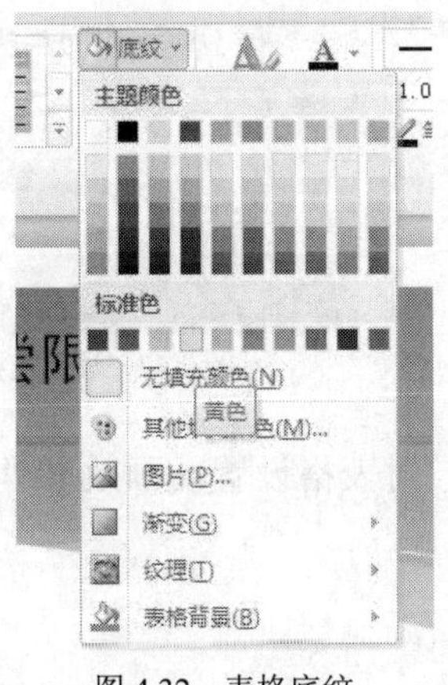

图 4.32　表格底纹

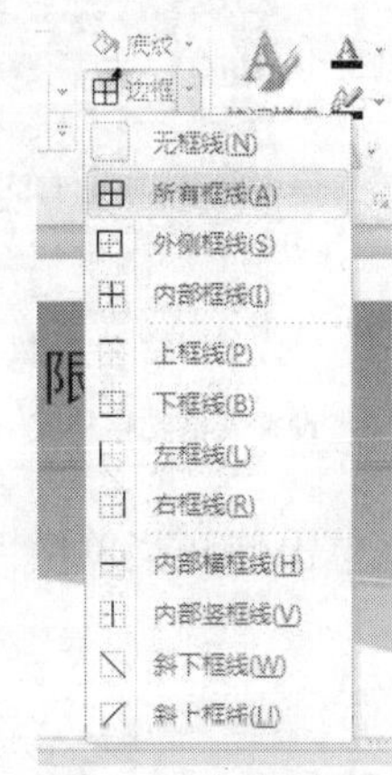

图 4.33　表格边框

- 选中第 1 列的第 1 行和第 2 行单元格，单击鼠标右键，在弹出的菜单中选择“合并单元格”选项（如图 4.34 所示）。
- 选中第 1 行的第 2 列和第 3 行单元格，单击鼠标右键，在弹出的菜单中选择“合并单元格”选项（如图 4.35 所示）。

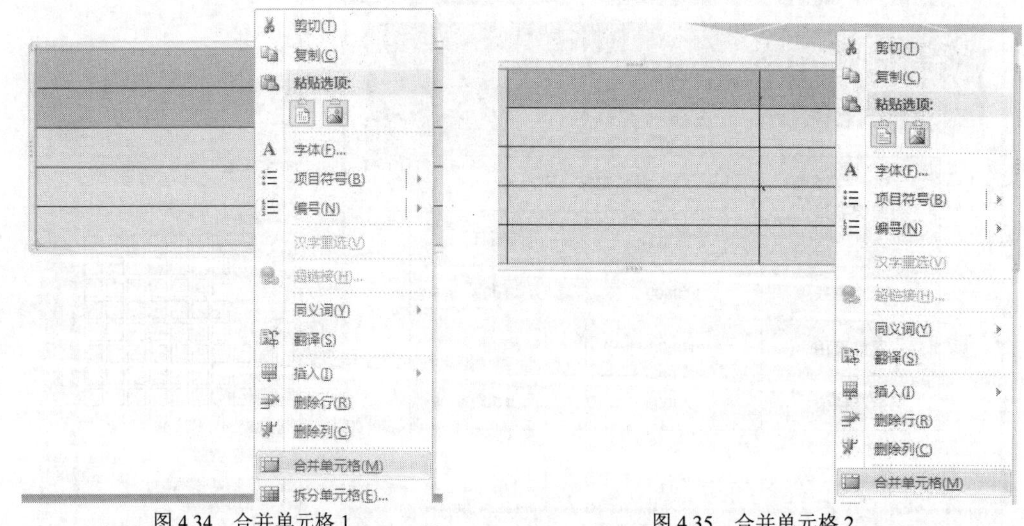

图 4.34　合并单元格 1　　　　图 4.35　合并单元格 2

- 表格文本录入和格式设置：参照效果图样式，录入表格内的文本。全选表格文本，单击鼠标右键，设置“字体”为“黑体”、“字号”为“20”、“字型”为“加粗”、“文字颜色”为“黑色”或“蓝色”、“文字对齐”为“居中”，如图 4.36 所示。
- 全选表格文本，单击打开菜单栏“表格工具”的“布局”选项，将“垂直对齐”设置为“垂直居中”（如图 4.37 所示）。

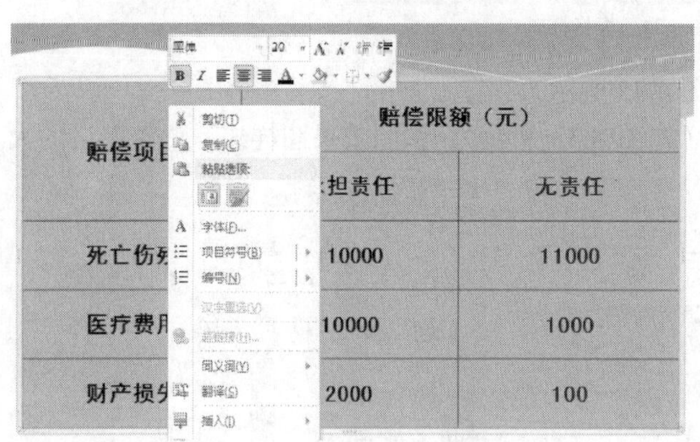

图 4.36　设置表格文字格式

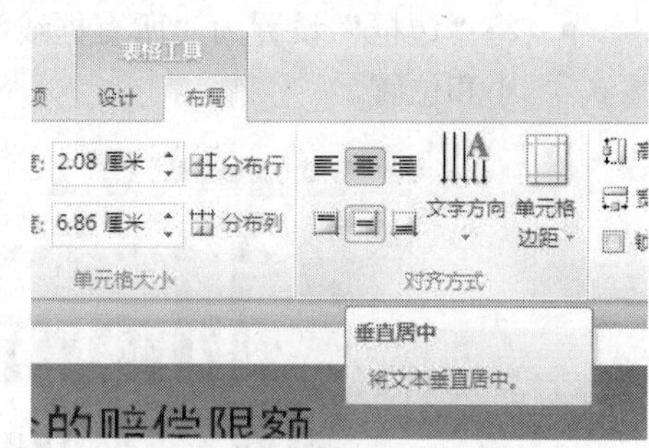

图 4.37　设置表格文字垂直对齐

- 动画设置：单击打开菜单栏“动画”选项，对表格设置动画效果“劈裂”（如图 4.38 所示）。

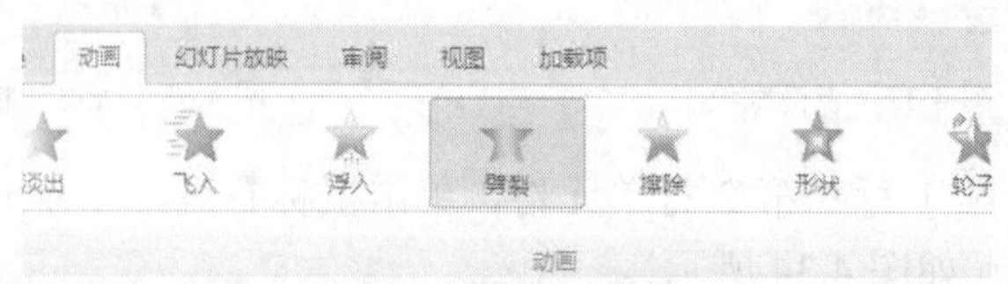

图 4.38　设置表格动画

4．**幻灯片切换和放映方式。**

- 幻灯片切换：幻灯片的切换效果是指在幻灯片的放映过程中，播放完的幻灯片如何消失，下一张幻灯片如何显示。PowerPoint 可以在幻灯片之间设置切换效果，从而使幻灯片反映效果更加生动有趣。操作方法为单击打开菜单栏“切换”选项，选中第 1 页幻灯片，设置切换效果为“立方体”（如图 4.39 所示）。使用同样的方法，分别设置第 2 页幻灯片切换效果为“翻转”，设置第 3 页幻灯片切换效果为“涟漪”，设置第 4 页幻灯片切换效果为“涡流”。

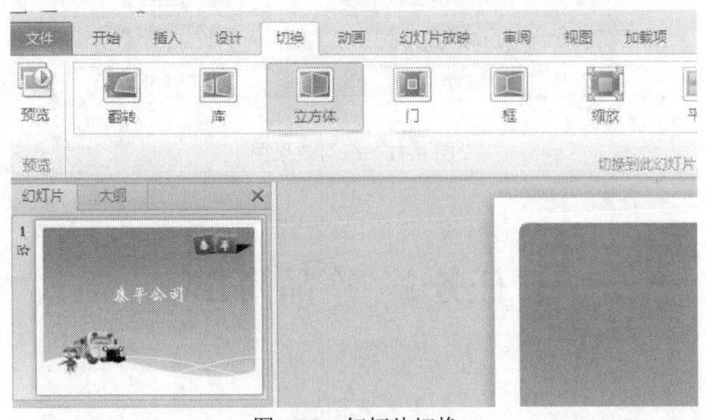

图 4.39　幻灯片切换

- 幻灯片放映：完成以上设置，可以通过单击菜单栏“幻灯片放映”选项，来观看幻灯片的放映（如图 4.40 所示）。单击“从头开始”按钮，可以从第 1 页开始，观看幻灯片放映，这个按钮还可以通过快捷键【F5】实现。单击“从当前幻灯片开始”按钮，可以从选中的任意一页幻灯片开始观看幻灯片的放映。

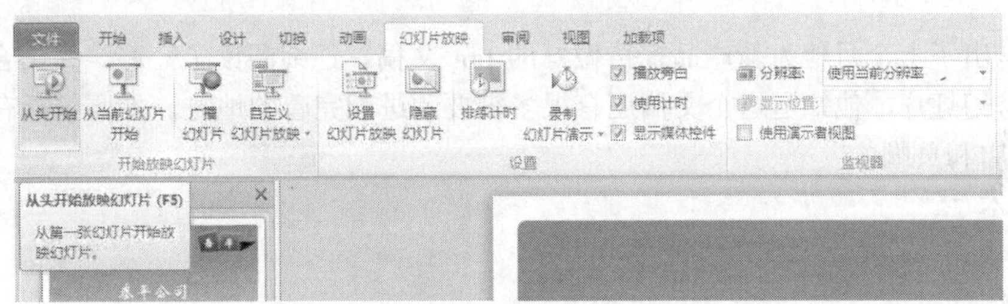

图 4.40　幻灯片放映

- 幻灯片进行切换时，通常使用鼠标单击来实现。在一些特殊场合下，如展览会场或在无人值守的会议上，播放演示文稿不需人工干预而是自动运行。实现自动循环放映幻灯片需要分两步进行：先为演示文稿设置放映排练时间，再为演示文稿设置放映方式。这部分，将在下一节进行详细的介绍。

4.1.3　课后练习

根据课后练习效果图（见图 4.41），完成以下的内容设置。

1．标题字体：黑体，28 号，加粗。

2．表格字体：黑体，16，加粗。

交强险和商业三责险区别

	交 强 保 险 条 款	商 业 三 者 条 款
投保方式	必须投保；不得拒保或退保	自愿，可退保
条款费率	全国统一	各公司自行确定
定价原则	不盈利、不亏损	盈利
赔偿限额	死亡伤残 医疗费用 财产损失	保额可自己选择，包含死亡伤残 、医疗费用和财产损失
经营资格	保监会指定	申请获得
责任免除	保险责任宽泛，免除较少	较多的责任免除
赔偿顺序	先强制，再商业	一般无特别顺序规定
理　赔	无责赔偿	以责论处

图 4.41　练习效果图

任务 2　产品简介

情境创设

小张在公司的工作上取得的成绩是有目共睹的，业务部经理也非常欣慰，故这次广州举行的中国保险理财投资见面会的宣传工作，他决定让小张去。临行前，经理对小张说，你要制作一个幻灯片文档。制作文档的要求是，首先对公司简介内容进行甄选和提炼，以准备好简介演讲稿的内容并对整个演讲稿的架构做一个总体设计；然后再通过新建演示文稿、添加新幻灯片、美化幻灯片、添加动画效果等方法，逐步完善“公司简介演讲稿”。

小张拿出了上个月他为新产品宣传做好的 ppt 文稿，仔细阅读了一遍，并结合多家同行公司的优秀幻灯片，他知道这个文稿还有很多需要改进和完善的地方，主要包括有：

1．页眉和页脚。

2．艺术字。

3．形状和 SmartArt 图形（新性能）。

4．排练计时等。

4.2.1　任务分析

小张通过学习幻灯片的制作，懂得了要制作一个优秀的演示文稿，除了需要有杰出的创意和精致的素材之外，提供专业效果的外观同样重要。另外，为幻灯片添加必要的动画功能，可以使演示内容变得生动、有趣，吸引观众的注意力。

小张可以通过复制前例所完成的演示文稿进行修改，来完成新建工作。然后对幻灯片的页眉页脚、艺术字、图形及放映幻灯片的方法进行设置。幻灯片样文如图 4.42 所示。

（小提示：本例所完成的演示文稿，许多操作都和前例相同。所以，重复的操作在此就不做赘述。本例主要介绍前例没有提到的幻灯片的高级操作。）

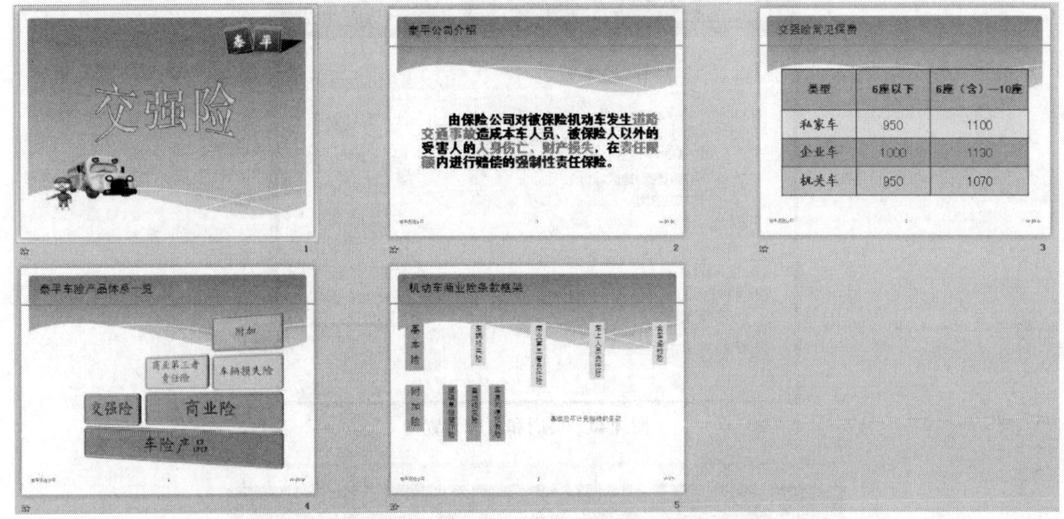

图 4.42　幻灯片样文

4.2.2　任务实现

1．**新建产品简介演示文稿。**

图 4.43　文件另存为

- 新建演示文稿：采用“另存为”的方式完成演示文稿的新建。操作的方法为，打开前例制作的演示文稿，单击打开菜单栏“文件”选项，选择“另存为”，在弹出的窗口中，对前例的演示文稿进行重命名，命名为“泰平车险”（如图 4.43 所示）。
- 新建幻灯片和设置幻灯片版式：本例中的演示文稿，比前例演示文稿多一页幻灯片，所以采用前例所讲过的方法，新建一页新的幻灯片。新建的幻灯片采用“标题幻灯片”的版式。
- 设置页眉页脚：为幻灯片添加页眉页脚效果，可使得幻灯片的版式更为规范。操作的方法为单击打开菜单栏“插入”选项，选择“页眉和页脚”按钮，在弹出窗口中，勾选“日期和时间”选项，选择“自动更新”的日期设置；勾选“幻灯片编号”选项；勾选“页脚”选项，并录入文本“泰平保险公司”；勾选“标题幻灯片中不显示”选项。最后单击“全部应用”按钮，将以上的设置应用到演示文稿中的所有幻灯片上（如图 4.44 所示）。

2．**编辑幻灯片。**

（1）首页幻灯片。

- 对于首页幻灯片，基本样式和前例相同（如图 4.45 所示），主要进行的修改是将标题更改为艺术字。下面就来看看是如何插入艺术字的。
- 插入艺术字：首先删除原本的标题文本框，然后单击打开菜单栏“插入”选项，选择“艺术字”按钮，选择“填充-浅蓝，文本 2，轮廓-背景 2”的艺术字样式（如图 4.46 所示）。然后录入文本“交强险”。

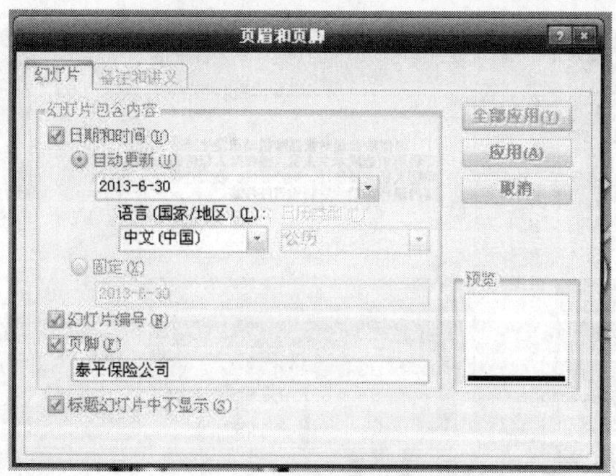

图 4.44　页眉和页脚设置

图 4.45　首页效果

图 4.46　插入艺术字

- 接着，选中插入的艺术字，单击打开菜单栏“绘图工具格式”选项，设置艺术字的“文本填充”为“纹理”，并选择“水滴”纹理样式（如图 4.47 所示）。
- 在“绘图工具”→“格式”选项中，设置艺术字的“文本效果”为“转换”，并选择“朝鲜鼓”转换样式（如图 4.48 所示）。
- 最后，在“绘图工具”→“格式”选项中，设置艺术字的“大小”，“高度”为“5.58 厘米”，“宽度”为“12.26 厘米”（如图 4.49 所示），并将艺术字移动到效果图 4.45 所示的幻灯片页面中央。

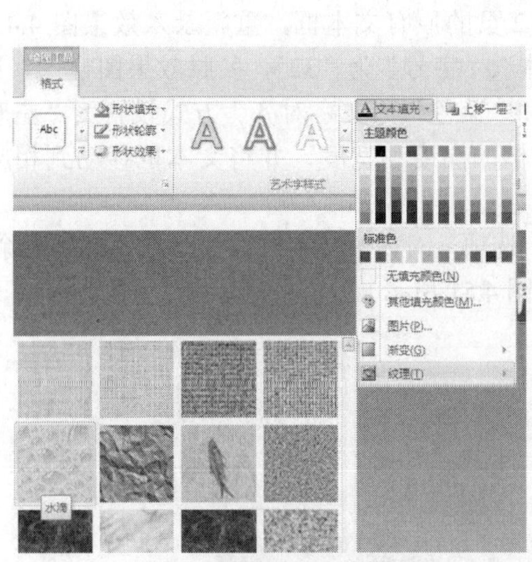

图 4.47　艺术字文本填充

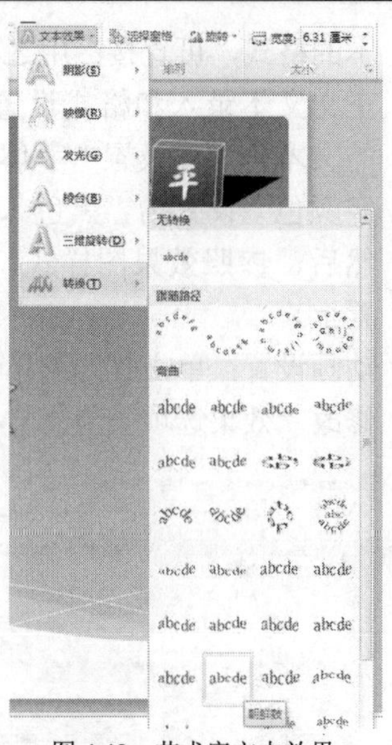

图 4.48　艺术字文本效果

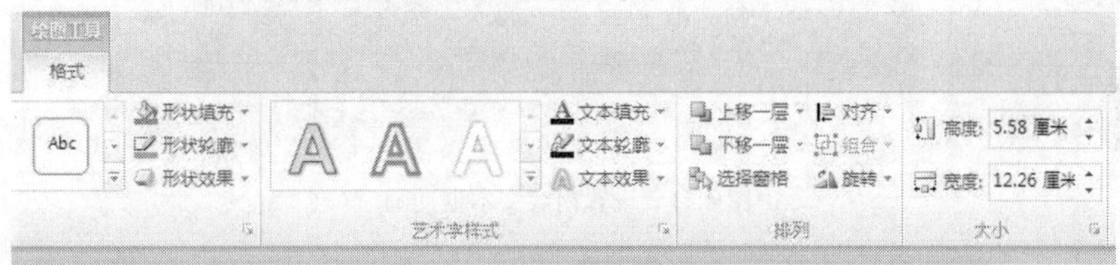

图 4.49　艺术字大小

（2）第 2 页幻灯片。

- 对于第 2 页幻灯片，需要完成修改标题内容、正文文本录入和格式设置以及动画设置 3 个步骤（如图 4.50 所示）。

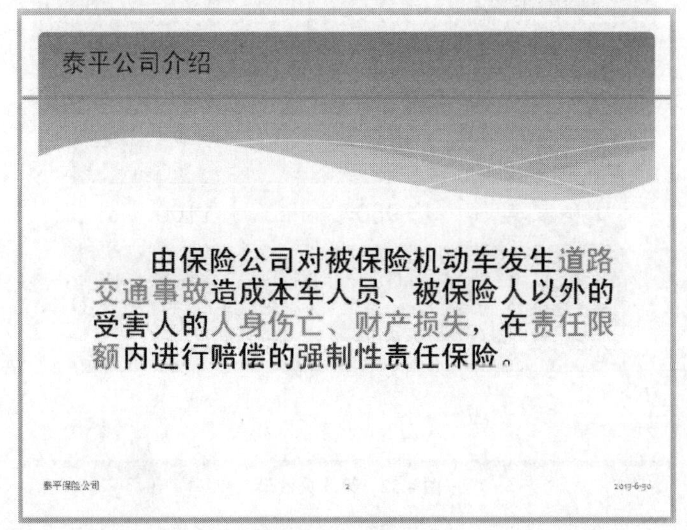

图 4.50　第 2 页效果

- 修改标题内容：选中标题文本框中的文本内容，录入文本“什么是交强险”。标题文本的格式，可直接沿用之前的设置，不需要进行修改。

- 正文文本录入和格式设置：删除第 2 页的原有文本框，重新录入效果图 4.45 所示的文本内容。设置“字体”为“黑体”、“字号”为“32”，参照效果图样式，将“文字颜色”设置为“黑色”、“红色”和“蓝色”，“文字对齐”方式设置为“左对齐”。然后，参照效果图样式，调整文本框的高度和宽度，并将文本框移动到相应的位置上。
- 动画设置：单击打开菜单栏“动画”选项，对内容文本框设置动画效果“擦除”，并修改“效果选项”为“自顶部”（如图 4.51 所示）。

图 4.51　设置内容文本框动画

（3）第 3 页幻灯片。

- 对于第 3 页幻灯片，需要完成修改标题内容、表格插入和格式设置、表格文本录入和格式设置以及动画设置 4 个步骤（如图 4.52 所示）。

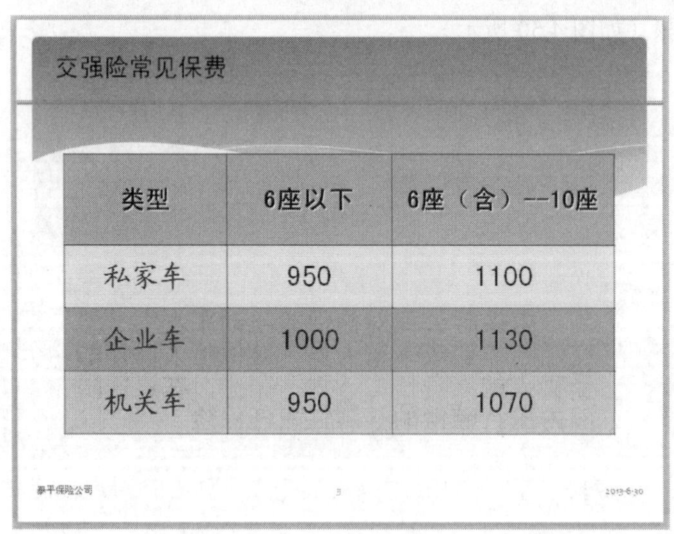

图 4.52　第 3 页效果

- 修改标题内容：选中标题文本框中的文本内容，录入文本“交强险常见保费”。标题文本的格式，可直接沿用之前的设置，不需要进行修改。

- 表格插入和格式设置：删除第 3 页的原有文本框、图形和图片。单击打开菜单栏“插入”选项，在“表格”按钮下选择“3 × 4”的表格，插入幻灯片页面。单击打开菜单栏“设计”选项，将“表格样式”设置为“无样式，无网格”。将第 1 行的“底纹”设置为“青色”，第 2 行的“底纹”设置为“黄色”，第 3 行的“底纹”设置为“绿色”，最后一行的“底纹”设置为“橙色”。将“边框”设置为“所有框线”。参照效果图样式，调整表格的大小和位置。
- 表格文本录入和格式设置：参照效果图样式，录入表格内的文本。选中相应文本，单击鼠标右键，设置“文字颜色”为“黑色”或“蓝色”，将黑色文字的“字体”设置为“黑体”，蓝色文字的“字体”设置为“楷体”，将黑色文字的“字号”设置为“32”，蓝色文字的“字号”设置为“28”，“文字对齐”方式设置为“居中”。全选表格文本，单击打开菜单栏“表格工具”的“布局”选项，将“垂直对齐”设置为“垂直居中”。
- 动画设置：单击打开菜单栏“动画”选项，对表格设置动画效果“切入”。

（4）第 4 页幻灯片。

（小提示：对于第 4 页幻灯片，需要完成修改标题内容、插入 SmartArt 图形以及动画设置 3 个步骤，如图 4.53 所示。）

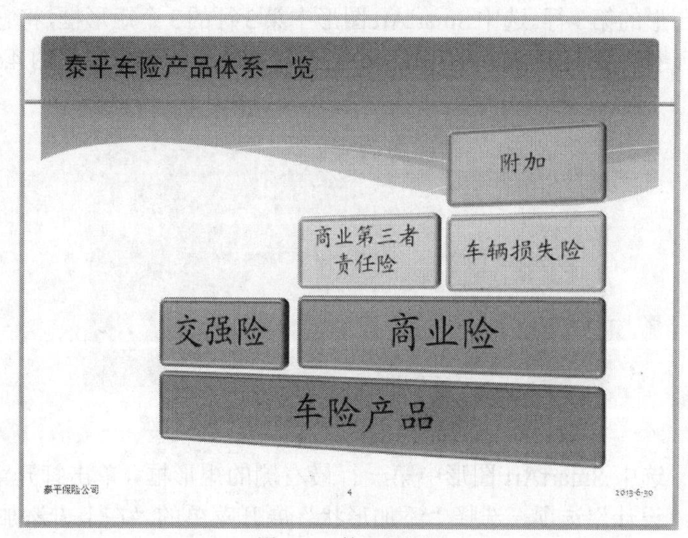

图 4.53　第 4 页效果

- 修改标题内容：选中标题文本框中的文本内容，录入文本“泰平车险产品体系一览”。标题文本的格式，可直接沿用之前的设置，不需要进行修改。
- 插入 SmartArt 图形：删除第 4 页的表格。单击打开菜单栏“插入”选项，选择“SmartArt”按钮（如图 4.54 所示）。

图 4.54　插入 SmartArt 图形

- 在弹出窗口中，选择“层次结构”类别里的“表层次结构”SmartArt 图形（如图 4.55 所示）。

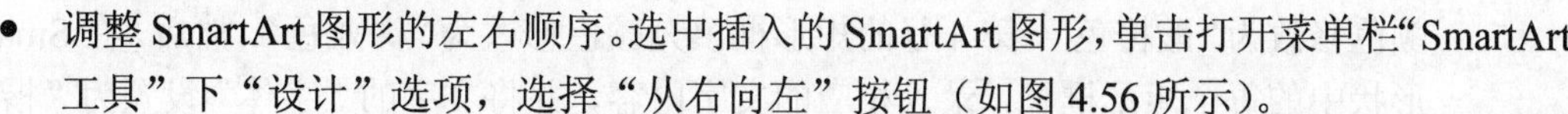

- 调整 SmartArt 图形的左右顺序。选中插入的 SmartArt 图形，单击打开菜单栏“SmartArt 工具”下“设计”选项，选择“从右向左”按钮（如图 4.56 所示）。

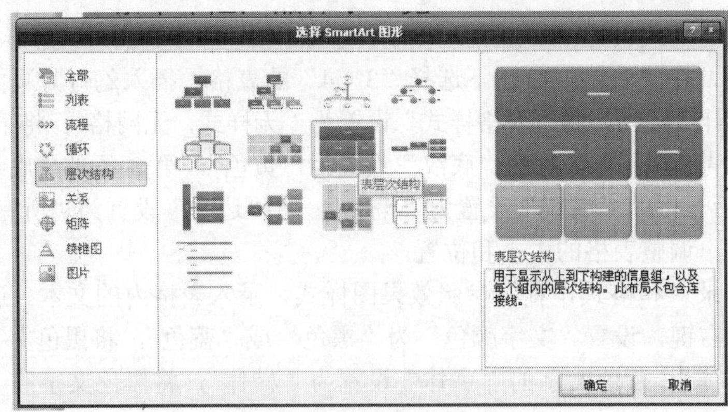

图 4.55 选择 SmartArt 图形

图 4.56 调整 SmartArt 图形左右顺序

- 调整 SmartArt 图形的左右顺序。选中 SmartArt 图形中第 1 行的矩形框，将它移动到 SmartArt 图形的第 3 行。选中 SmartArt 图形中第 3 行的 3 个矩形框，将它移动到 SmartArt 图形的第 1 行，同时删除 3 个矩形框中最左侧的那个矩形框（如图 4.57 所示）。

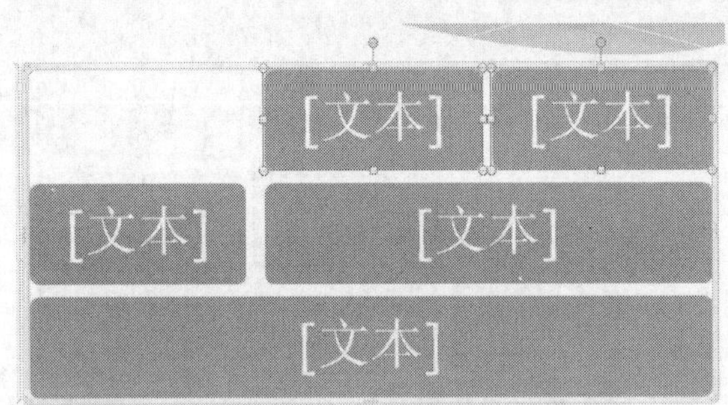

图 4.57 调整 SmartArt 图形上下顺序

- 添加形状。选中 SmartArt 图形中第一行最右侧的矩形框，单击打开菜单栏“SmartArt 工具”下“设计”选项，选择“添加形状”展开菜单的“在上方添加形状”按钮（如图 4.58 所示）。注意，在增加新的形状后，矩形框的顺序会出现一些错乱，可使用上一步所提到的方法，调整好矩形框的位置。
- 修改 SmartArt 样式。单击打开菜单栏“SmartArt 工具”下“设计”选项，选择“SmartArt 样式”展开菜单的“金属场景”按钮（如图 4.59 所示）。
- 参照效果图样式，调整 SmartArt 形状中矩形框的填充颜色。操作方法为，选中第 1 行的矩形框，单击鼠标右键，在弹出菜单中的“填充颜色”按钮的展开菜单中，选择“青色”（如图 4.60 所示）。
- 使用同样的方法，将第 2 行的矩形框填充颜色修改为“橙色”，第 3 行的矩形框填充颜色修改为“酸橙色”，第 4 行的矩形框填充颜色修改为“深蓝色”。然后，在 SmartArt 形状中的每个矩形框里，录入相应的文字内容，并将文字的“字体”设置为“楷体”。

最后，调整 SmartArt 形状的大小和位置。

图 4.58　添加形状

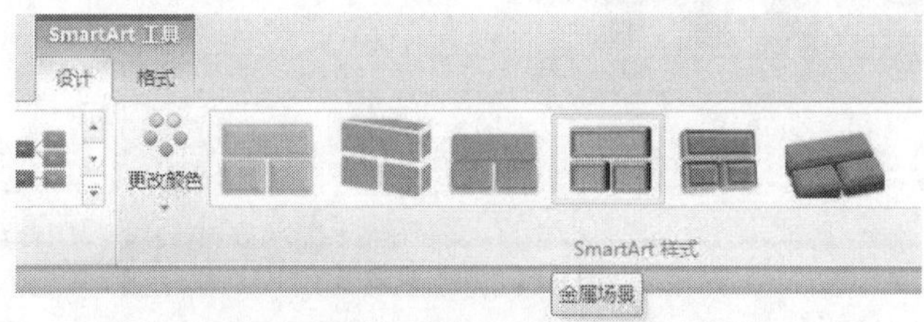

图 4.59　修改 SmartArt 样式

图 4.60　修改 SmartArt 矩形框填充颜色

- 动画设置：单击打开菜单栏“动画”选项，对 SmartArt 形状设置动画效果“百叶窗”，并修改“效果选项”为“垂直”。

（5）编辑第 5 页幻灯片。

（小提示：对于第 5 页幻灯片，需要完成修改标题内容、插入文本框以及动画设置 3 个步骤，如图 4.61 所示。）

- 修改标题内容：删除第 5 页的标题文本框。复制第 4 页的标题文本框和文本框下方的线条，粘贴到第 5 页。录入文本“机动车商业险条款框架”。标题文本的格式，可直接沿用之前的设置，不需要进行修改。
- 插入文本框：删除第五页的内容文本框。单击打开菜单栏“插入”选项，选择“文本框”展开菜单的“垂直文本框”按钮（如图 4.62 所示）。
- 在幻灯片上也绘制文本框。设置文本框的“填充颜色”为“青色”。在绘制的文本框内，录入文字“基本险”，在文字之间录入空格，将文字空开。设置文字的“字体”为“黑体”、“字号”为“24”，调整文本框的大小，以适应设置好的文本内容。复制这个文本框，将文字内容修改为“附加险”（如图 4.63 所示），并将文本框放置到相应的位置。

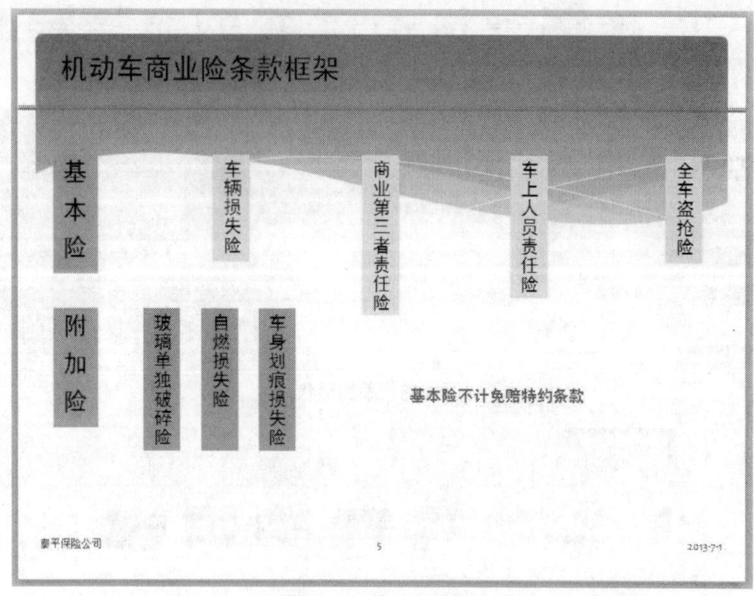

图 4.61　第 5 页效果

图 4.62　插入垂直文本框

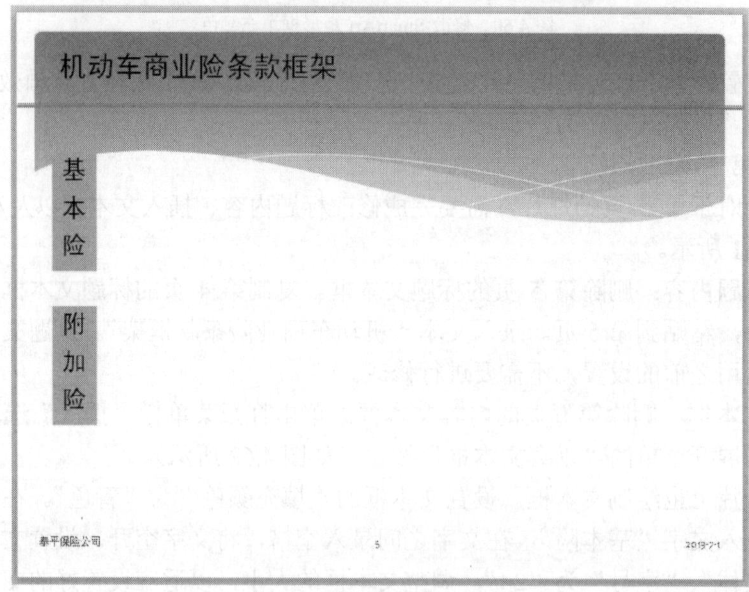

图 4.63　设置第一组文本框

- 再次插入文本框，设置文本框的“填充颜色”为“黄色”。录入文字“车辆损失险”，设置文字的“字体”为“黑体”、“字号”为“18”，调整文本框的大小，以适应设置好的文本内容。复制这个文本框 3 次，参照效果图样式，修改每个文本框里的文字内容和文本框的大小（如图 4.64 所示），并将文本框放置到相应的位置。

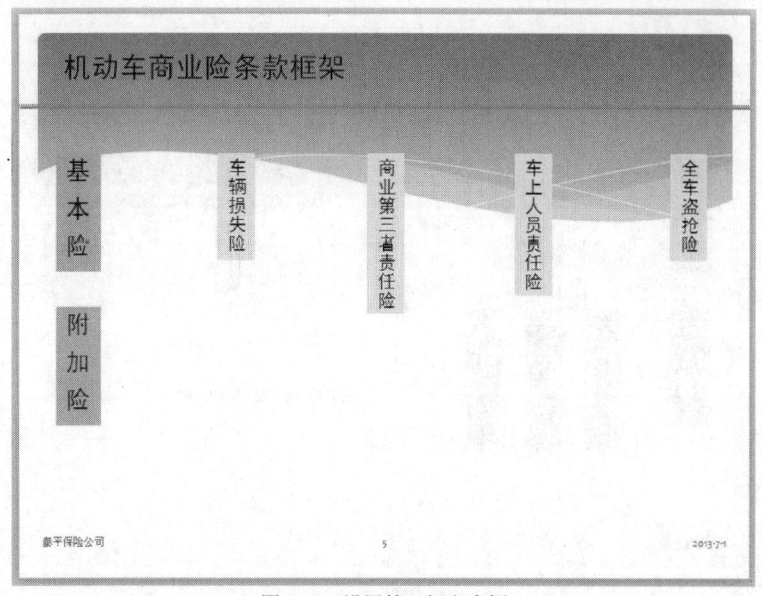

图 4.64　设置第二组文本框

- 再次插入文本框，设置文本框的“填充颜色”为“蓝色”。录入文字“玻璃单独破碎险”，设置文字的“字体”为“黑体”、“字号”为“18”，调整文本框的大小，以适应设置好的文本内容。复制这个文本框两次，参照效果图样式，修改每个文本框里的文字内容（如图 4.65 所示），并将文本框放置到相应的位置。

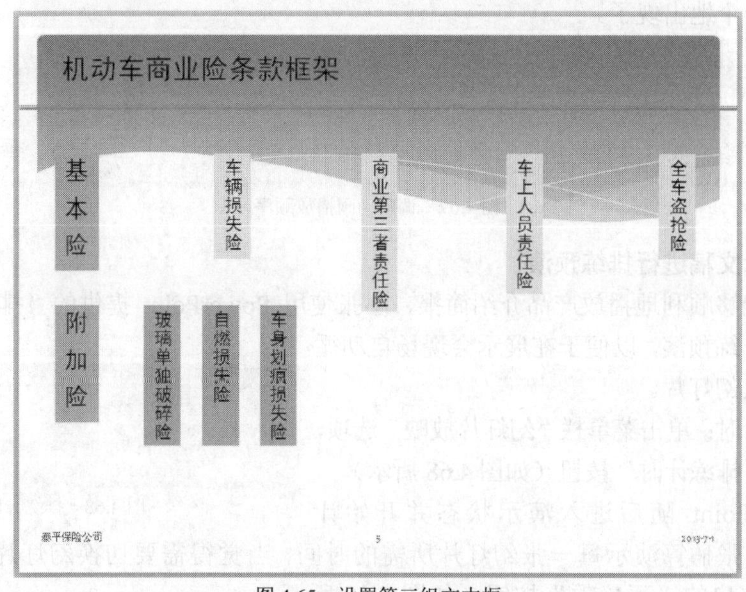

图 4.65　设置第三组文本框

- 最后插入一个横排文本框，录入文字“基本险不计免赔特约条款”，设置文字的“字体”为“黑体”、“字号”为“16”，“文字颜色”为“深绿色”，调整文本框的大小，以适应设置好的文本内容（如图 4.66 所示），并将文本框放置到相应的位置。

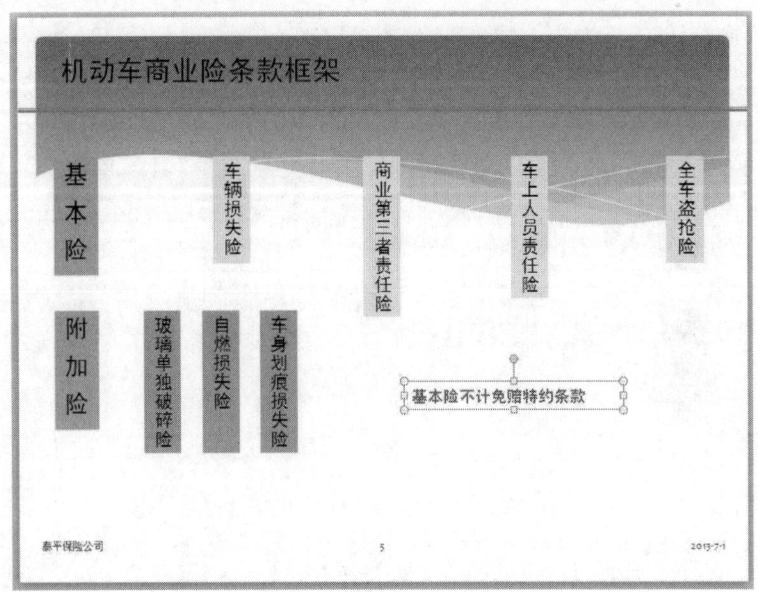

图 4.66　设置第 4 组文本框

- 动画设置：单击打开菜单栏“动画”选项，全选所有的文本框，设置动画效果为“飞入”，并修改“效果选项”为“自左侧”。当前，所有文本框是一起出现的，接下来要调整每个文本框出现的次序。操作方法为，选择所有文本框，展开菜单栏“动画”选项的“开始”菜单，选择“单击时”选项（如图 4.67 所示）。这样，动画效果就会一个一个地出现了。

图 4.67　调整动画播放顺序

3．**对演示文稿进行排练预演。**

- 为了能够顺利地播放产品介绍简报，小张使用 PowerPoint 提供的“排练计时”功能进行排练预演，以便于在展示会现场自动循环播放幻灯片。
- 排练计时：单击菜单栏“幻灯片放映”选项，选择“排练计时”按钮（如图 4.68 所示）。

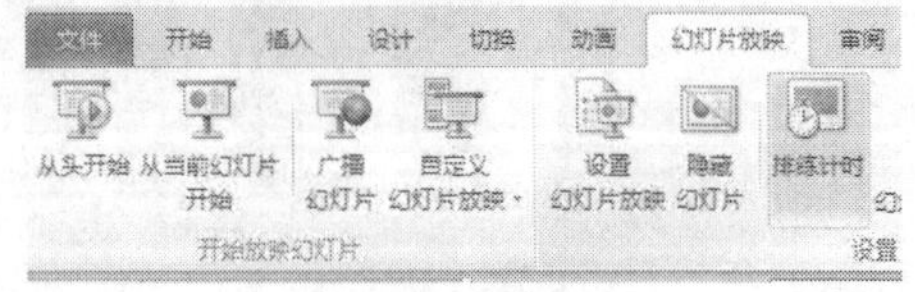

图 4.68　排练计时

- PowerPoint 随后进入演示状态并开始计时。小张估算演示每一张幻灯片所需的时间，当觉得需要切换幻灯片时，单击“录制”窗口的“下一项”按钮（如图 4.69 所示）。

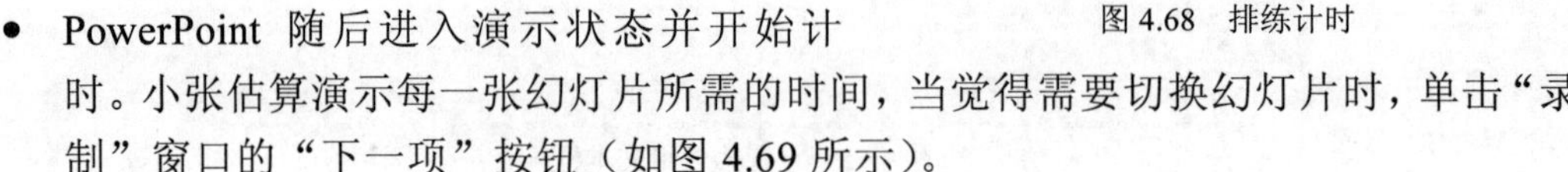

图 4.69　计时过程

- 在演示结束后，会弹出提示窗口，询问是否保存录制的播放过程，单击“是”按钮，保存计时信息（如图 4.70 所示）。

图 4.70　保存排练计时

- 再次放映幻灯片，就可以看到刚刚录制的排练过程了。
- 至此，演示文稿的制作完成，小张可以将其发送给经理，以便他在展销会上使用。

4.2.3　课后练习

根据课后练习效果图（如图 4.71 所示），完成以下的内容设置。

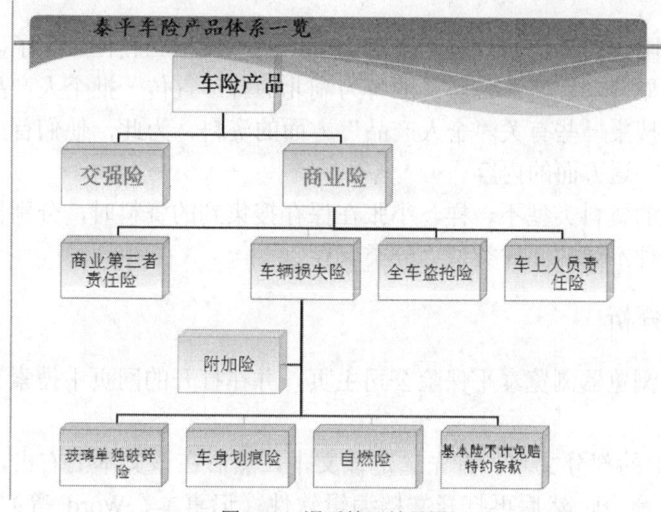

图 4.71　课后练习效果图

第5章 计算机网络基础

近年来，Internet 已经成为第四媒体，使得全球信息共享成为现实。电子商务、网上医疗、网络文化等构筑了一个绚丽多彩的网络世界。

本章结合泰平保险公司就常用的 Internet 应用展开，通过介绍保险公司网站浏览，网站文件的保存，公司文件上传下载，公司电子邮件收发这几个任务，让学生熟练、高效地掌握 Internet 的应用。

任务1　公司网站浏览与设置

IE 8.0 浏览器的全称是 Internet Explorer 8.0，它绑定于 Windows 7 系统中，这款浏览器功能强大、使用简单，是目前最常用的浏览器之一。用户可以使用它在 Internet 上浏览网页，还能够利用其内置的功能在网上进行信息检索和资源共享等多种操作。

情境创设

小张在泰平保险公司工作已经有一段时间了，基本能独立胜任工作了。鉴于前期公司宣传的保险产品效果显著，近期，公司又准备为湖北的客户宣传一批个人产品，于是安排他与另外一名同事小李搜集一些有关“个人产品”方面的资料，为此，他们首先想到去公司网站上去搜索、下载一些这方面的内容。

考虑到搜集到的资料类型不一样，小张在保存搜集到的资料时，分别按网页、网页中图片、网页中文档3种不同的文件类型“分类保存”。

5.1.1　任务分析

1．通过 IE 8 浏览器浏览泰平保险公司主页，并在打开的网页中搜索有关“个人产品”的相关信息。

2．保存网页中的部分文本。首先选定该文本，然后在该文本上右击，在弹出的快捷菜单中选择“复制”命令，然后再打开文档编辑软件（记事本、Word 等），将其粘贴并保存即可。

3．保存当前页。通过“文件”→“另存为”菜单命令实现。

4．保存网页中的图片。在该图片上右击，在弹出的快捷菜单中选择“图片另存为”命令。

5.1.2　任务实现

1．**通过搜索引擎，打开公司主页。**

- 启动 IE 浏览器，在浏览器地址栏中输入“http://www.taiping.com.”，按【Enter】键进入泰平保险公司网站，如图 5.1 所示。

图 5.1　公司主页

2．**在打开的保险公司主页中搜索有关“个人产品”的相关信息。**

- 单击打开主页上面的“产品中心”，在下拉列表选择“个人中心”，如图 5.2 所示。

图 5.2　“产品中心”的下拉列表

- 打开“个人产品”页面，如图 5.3 所示。

3．**将泰平保险公司主页中搜索到的有关“个人产品”网页中的第一段文字保存到本地磁盘 E 根目录下，文件名为“有用信息.txt”。**

- 启动 IE 浏览器，在地址栏输入地址“http://www.taiping.com”，按【Enter】键确认，打开网页。
- 在打开的网页中选中第 1 段文字，然后在该文本上右击，在弹出的快捷菜单中选择“复制”命令，如图 5.4 所示。

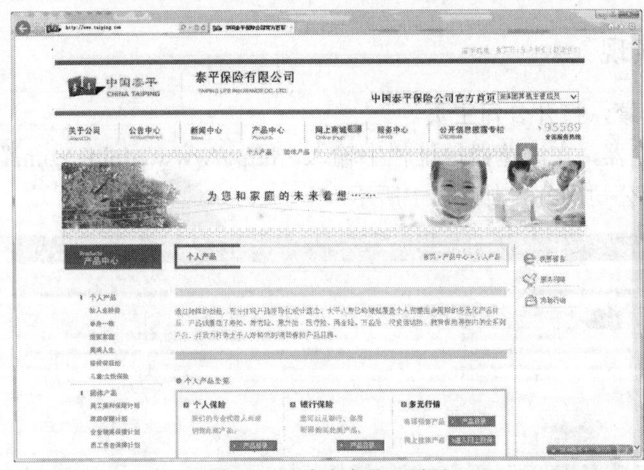

图 5.3 “个人产品”页面

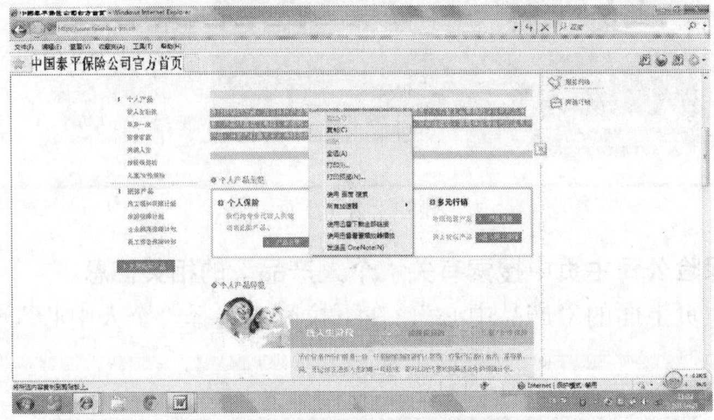

图 5.4 从快捷菜单选择“复制”

- 然后打开本地磁盘 E，在右边空白任务窗格右击，在弹出的快捷菜单中选择“新建”→“文本文档”命令，将文本文档命名为“有用信息.txt”，如图 5.5 所示。

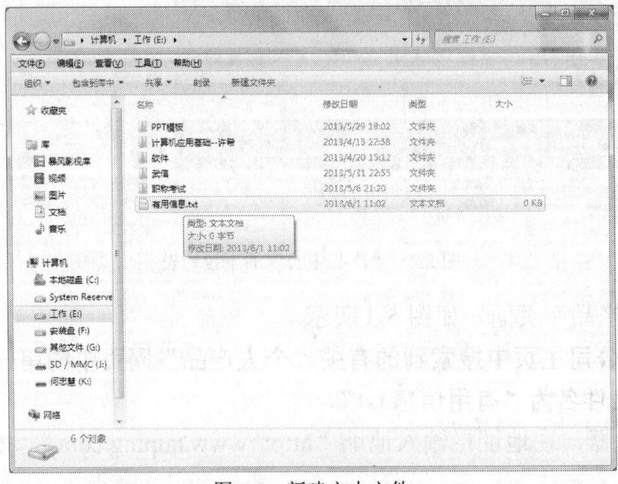

图 5.5 新建文本文件

- 打开“有用信息.txt”，执行“编辑”→“粘贴”命令，完成文本的复制，如图 5.6 所示。

图 5.6　复制文档

- 关闭“有用信息.txt”窗口，在弹出的如图 5.7 所示的提示框中，单击“保存”按钮，完成文件保存。

4．将搜索到的有关“个人产品”的网页保存到“我的文档”文件夹中，文件名为“个人产品网页.html”。

- 打开 IE 浏览器，在地址栏输入网页地址“http://www.taianbx.com.cn”，按“Enter”键确认打开网页。

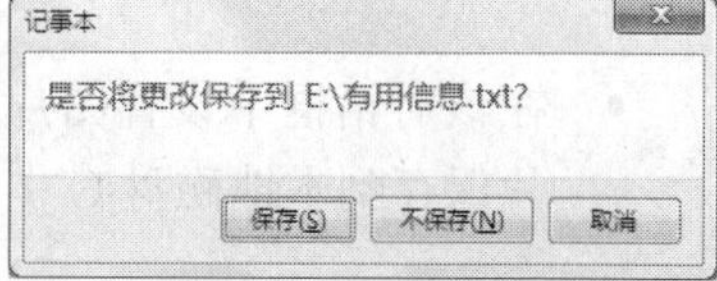

图 5.7　保存提示框

- 在打开网页菜单栏上找到“文件”菜单，单击“文件”弹出的快捷菜单中选择“保存网页”菜单命令，如图 5.8 所示。

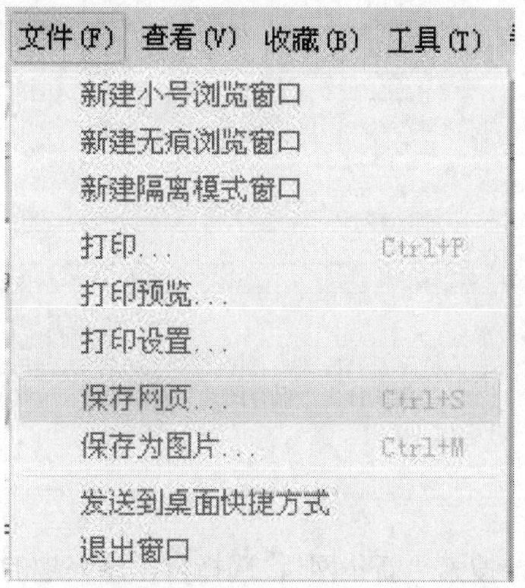

图 5.8　“文件”菜单下选择“另存为”菜单

- 在打开的“保存网页”对话框中选择保存位置“我的文档”，文件名后面的文本框中输入“个人产品.html”，保存类型选择“网页，仅 HTML（*.htm;*.html）”，如图 5.9 所示。单击“保存”按钮，完成网页保存。

5．将上面搜索到的有关“个人产品”网页中的图片以“001.jpg”为文件名保存到“本地磁盘 C”根目录下。

- 在上面已经打开的网页中找到要保存网页中的图片，在该图片上右击，在弹出的快捷菜单中选择“保存为图片”命令，打开“保存图片”对话框，如图 5.10 所示。

图 5.9 “保存网页”对话框

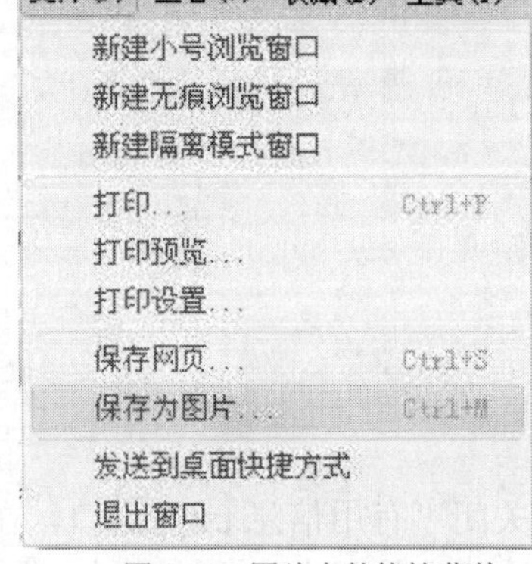

图 5.10 图片上的快捷菜单

- 在该对话框中设置图片的保存位置和保存名称，然后单击“保存”按钮，即可将图片保存到本地磁盘 C 中，如图 5.11 所示。

图 5.11 “保存图片”对话框

5.1.3 课后练习

1．利用百度搜索引擎，搜索“新华网”，选择自己感兴趣的图文新闻。

2．将打开网页中的图片以“001.jpg、002.jpg……”为文件名保存到桌面。

3．将当前页以“a1.txt”为文件名，保存到“我的文档”。

4．某网站的主页地址是 www.souhu.com，打开次主页，浏览该页内容，然后将该网页以文本格式保存到“本地磁盘 C”，命名为“me.txt”。

任务 2　公司电子邮件的收发

在日常交流和商务活动中，人们越来越多地使用电子邮件来交换信息。电子邮件具有快速、便捷、价廉的优点，已经成为 Internet 中应用最广泛的服务之一。

Outlook 2010 是 Microsoft Office 2010 套装软件的组件之一，它对 Outlook 2007 的功能进行了扩充。Outlook 的功能很多，可以用它来收发电子邮件、管理联系人信息、记日记、安排日程、分配任务。Microsoft Outlook 2010 提供了一些新特性和功能，可以帮助你与他人保持联系，并更好地管理时间和信息。

情境创设

小张在搜集“个人产品”相关信息的过程中，需要经常与同事小李进行交流，为方便起见，小张跟同事小李选择通过 Outlook Express（简称 OE）收发电子邮件。

假设小张的电子邮箱地址为 xwyu@set.net，同事小李的电子邮箱地址为 hbyu@set.net. 小张在发送邮件时将位于“本地磁盘 E”的“有用信息.txt”作为附件一同发出，同事在收到小张的邮件后马上给小张回复了修改建议，最后小张又回复了一份收到回复并表示感谢的邮件。

5.2.1　任务分析

启动 OE 浏览器的方法有 3 种。

1．通过“开始”→“所有程序”→“Outlook Express”命令，启动 OE 浏览器。

2．在任务栏的“快速启动”工具栏中选择，单击 OE 浏览器的快捷方式图标，启动 OE 浏览器。

3．双击桌面上的图标启动 OE 浏览器。启动 OE 浏览器后，通过打开 OE 窗口“新建”选项组中的“新建电子邮件”按钮可以发送新电子邮件。通过打开 OE 窗口“响应”选项组中的“答复”按钮可以回复邮件。

5.2.2　任务实现

1．给邮箱地址为 hbyu@set.net 的同事发送一份主题为“个人产品相关信息”，内容为“这是公司个人产品的相关信息，请查看后提出修改建议！”的电子邮件，同时插入“本地磁盘 E”中的“有用信息.txt”作为附件。

- 启动 OE 浏览器，选择“开始”选项卡，单击“新建”选项组中的“新建电子邮件”按钮，打开“未命名-邮件”窗口，如图 5.12 所示。
- 在该窗口中“收件人”后面输入收件人地址“hbyu@set.net”、“主题”后面的文本框中输入“个人产品相关信息”。内容区域输入“这是公司个人产品的相关信息，请查看后提出修改建议！”，如图 5.13 所示。

- 在创建电子邮件的窗口中单击“添加”选项组中的“附加文件”按钮，在打开的“插入文件”对话框中选择“E 盘”中的“有用信息”的附件，然后单击“插入”按钮，如图 5.14 所示。

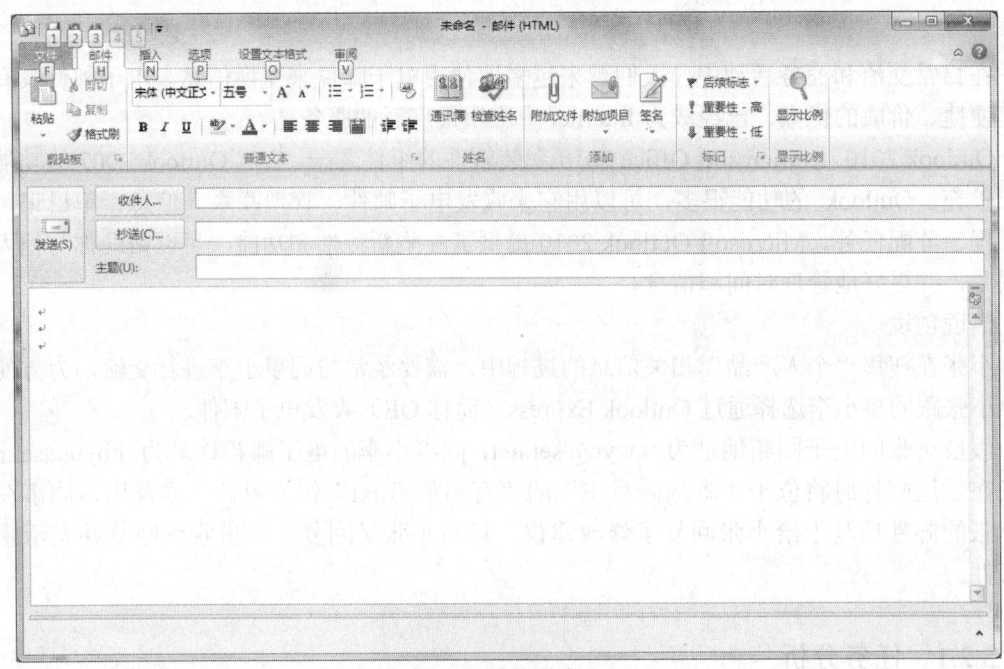

图 5.12　新邮件窗口

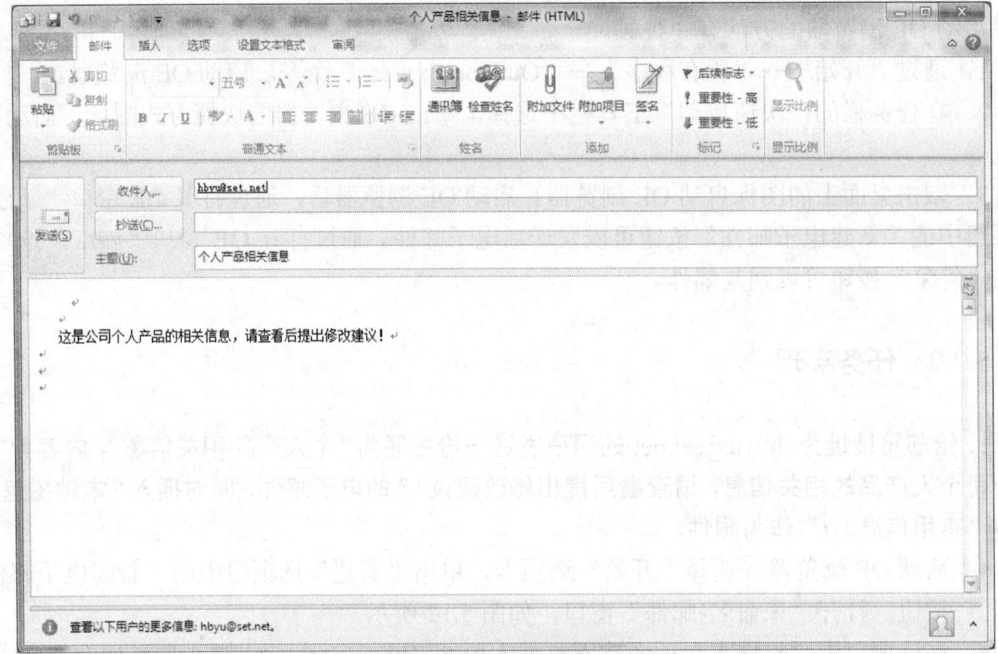

图 5.13　撰写新邮件窗口

- 插入附件成功后邮件撰写界面如图 5.15 所示。

- 设置好之后单击“发送”按钮，即可完成电子邮件的发送。

2．小张接受并查看了同事给小张回复的修改建议，然后又回复了一份感谢邮件。

- 启动 OE 浏览器，在打开窗口的左边窗格中选择收件箱，如图 5.16 所示。
- 然后找到同事发来的有关修改建议的邮件，双击邮件标题，即可以在打开的窗口中查看该邮件中的内容。

图 5.14 “插入文件”对话框

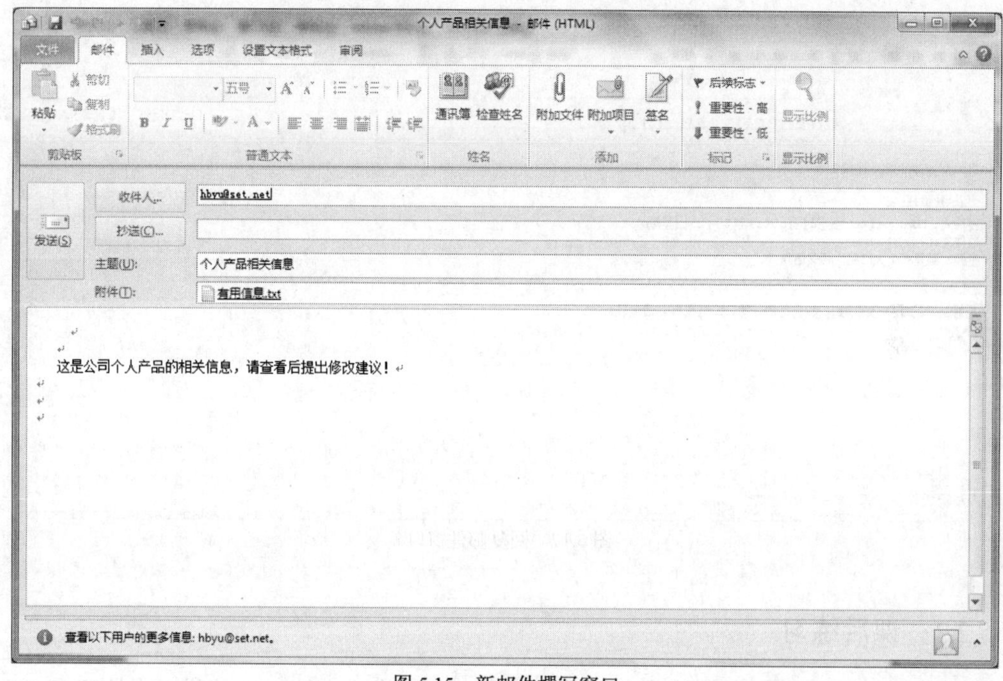

图 5.15 新邮件撰写窗口

- 查看邮件内容后，单击“响应”选项组中的“答复”按钮，在打开的回复窗口中输入要回复的内容“非常感谢你的修改建议！”，然后单击“发送”按钮即可，如图 5.17 所示。

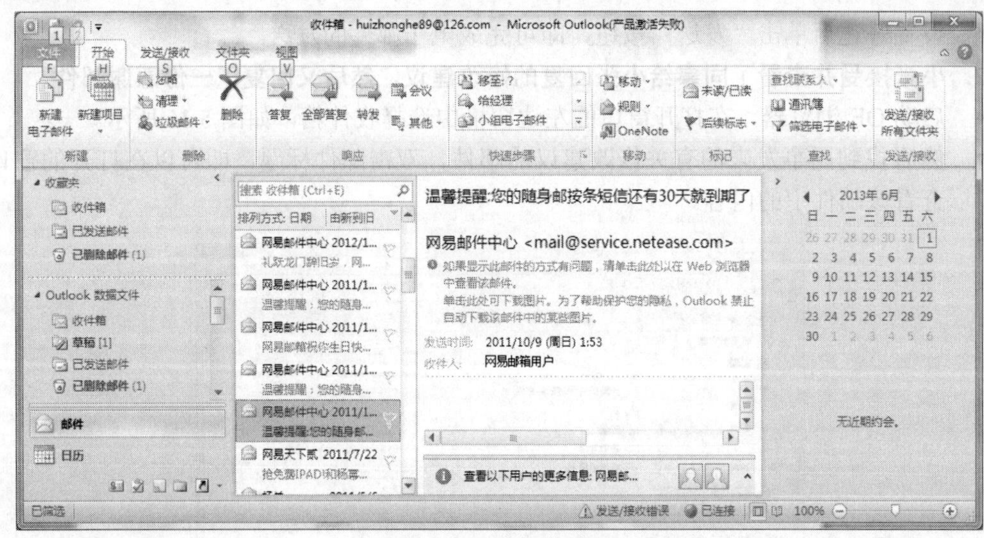

图 5.16　OE 的工作界面

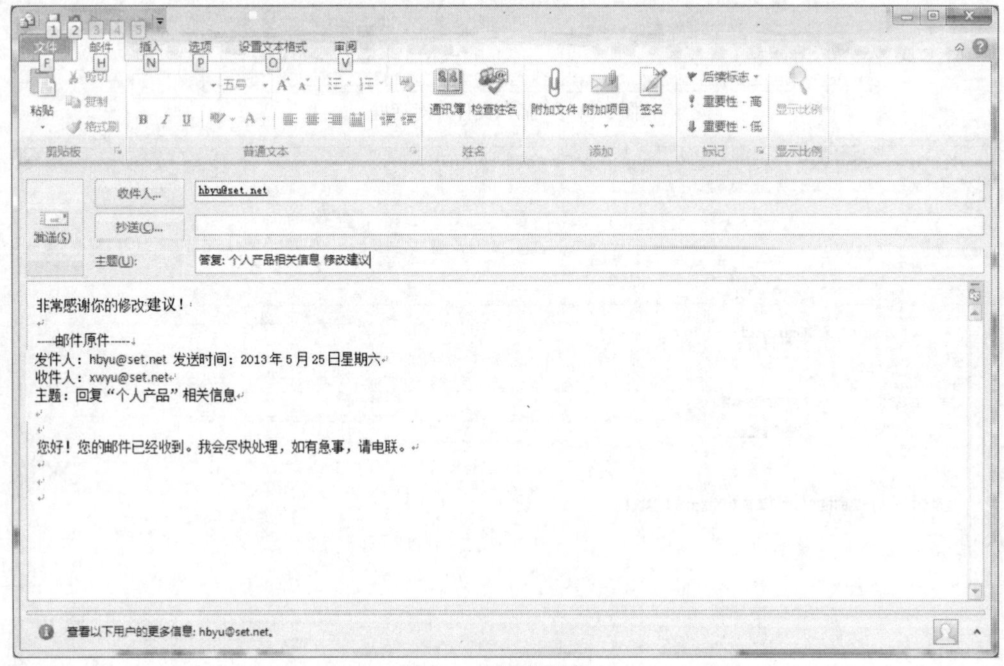

图 5.17　回复邮件窗口

5.2.3　课后练习

使用 Outlook Express 向学校教务处发一份 E-mail，提一个建议，并将“本地磁盘 D”中的名为“a1.doc”的文件作为附件发出。

具体内容如下：

【收件人】ncre@jw.bjdx.exe

【抄送】

【主题】"建议"

【邮件内容】"教务处负责同志：实验楼的东西经常丢失，影响正常使用。建议加强管理。"

任务 3　公司 FTP 客户端的使用

FTP 服务器是提供文件上传、下载服务的以 FTP 协议访问的站点。访问 FTP 服务器可用专门的 FTP 工具，如 Cute FTP 等，但通常可用系统自带的 FTP 功能。

情境创设

小张在搜集"个人产品"相关信息的过程中除了跟小李通过邮件交流信息，和公司其他同事之间也需要经常交流，为此他们决定把这些文件存放到公司内部的一个 FTP 上，以便相互共享资料、交流文档、交换意见。

现在，小张想在 FTP 服务器中创建一个"个人产品资料（小张）"的文件夹，把之前自己搜集到的有关图片、网页、文本放到该文件夹中，然后由公司其他同事登录并下载名为"个人产品资料（小张）"的文件夹。

5.3.1　任务分析

访问 FTP 服务器必须先登录，再进行上传文件。登录成功后，上传文件到 FTP 可以通过复制、粘贴的方法实现。

同样也可以通过复制、粘贴的方法从 FTP 下载文件。

5.3.2　任务实现

1．在 FTP 服务器中创建文件夹"个人产品资料（小张）"，并上传相关资料。

- 启动 IE 浏览器，在地址栏输入保险公司内部 FTP 地址："FTP://192.168.0.254"，按回车键打开该 FTP 站点。
- 输入用户名和密码。用户名为"1"，密码为空，如图 5.18 所示。

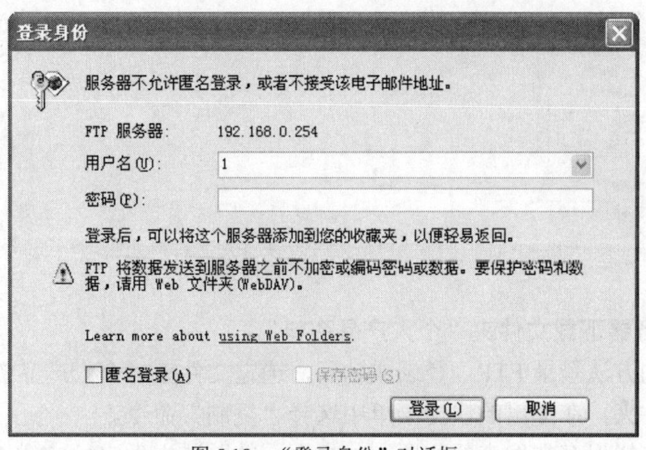

图 5.18　"登录身份"对话框

- 登录成功后，可以看到该 FTP 服务器上已经存在的文件和文件夹。
- 在 FTP 服务器窗口的空白区域，单击鼠标右键，在弹出的快捷菜单中选择“文件”→“新建”→“文件夹”命令，创建一个文件夹，并重命名为“个人产品资料（小张）”，如图 5.19 所示。
- 双击打开名为“个人产品资料（小张）”的文件夹，把需要上传的文件复制、粘贴到该文件夹中，完成文件的上传，如图 5.20 所示。

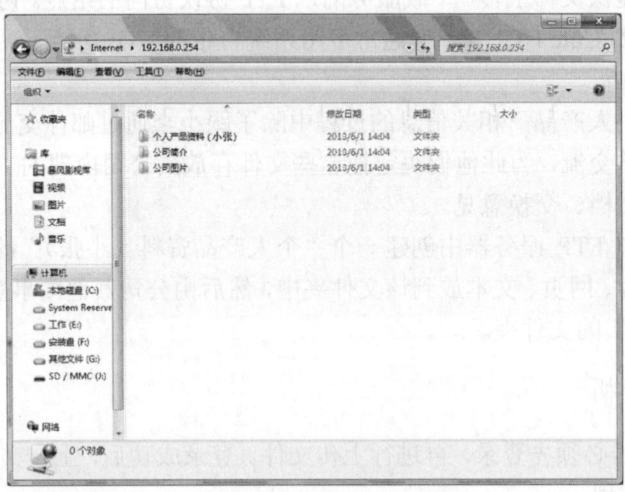

5.19 在 FTP 新建文件夹

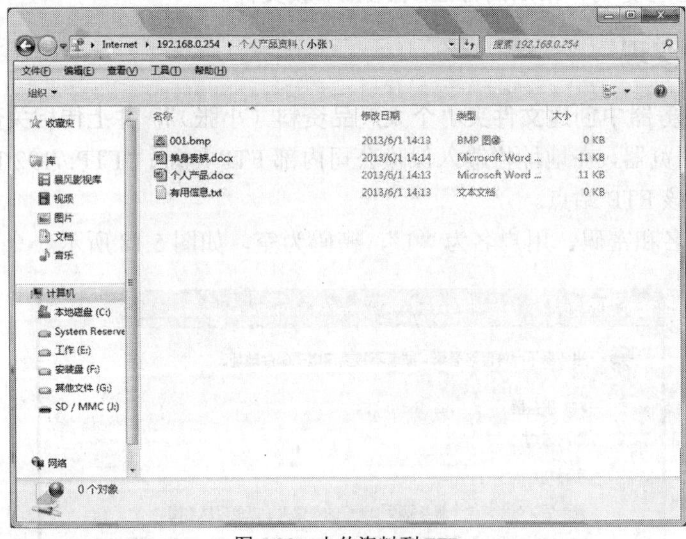

图 5.20 上传资料到 FTP

2．从 FTP 服务器下载文件夹“个人产品资料”。

- 参照前面的方法登录 FTP，登录成功后，选定文件夹“个人产品资料（小张）”。
- 右击该文件夹，在弹出的快捷菜单中选择“复制”命令。
- 在本机中选择保存文件夹的位置，如桌面，粘贴该文件夹，完成 FTP 文件的下载，如图 5.21 所示。

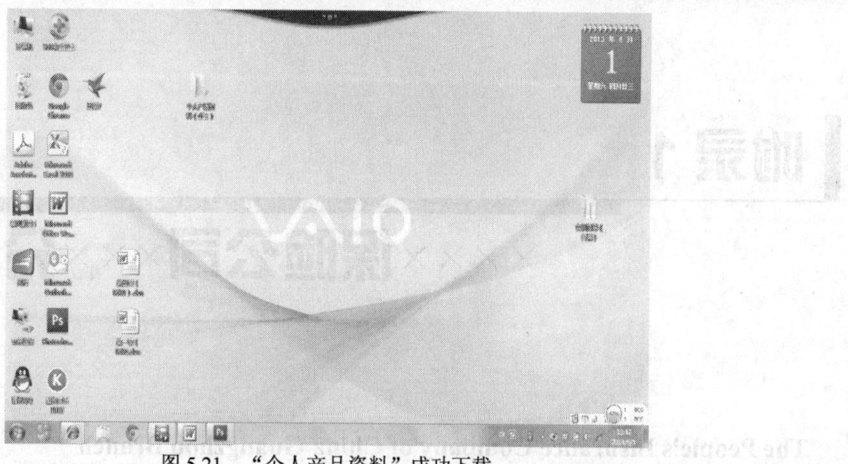

图 5.21　“个人产品资料”成功下载

5.3.3　课后练习

登录 FTP 网站 FTP://192.168.0.254，选择其中的任意一个文件或者文件夹，下载到“本地磁盘 E”。

附录 1

××××保险公司×××分公司

The People's Insurance Company of China Guangzhou Branch

总公司设于北京　　　　1949 年创立

Head Office Beijing　　　　Established in 1949

货物运输保险单

CARGO TRANSPORTATION INSURANCE POLICY

发票号（INVOICE NO.）　NM134
保单号次　　PLC876

合同号（CONTRACT NO.）　05MP561009
POLICY NO.

信用证号（L/C NO.）　T-027651

被保险人:

INSURED:GUANGDONG MACHINERY IMPORT & EXPORT CORP.

****公司（以下简称本公司）根据被保险人的要求，由被保险人向本公司缴付约定的保险费，按照本保险单承保险别和背面所载条款与下列特款承保下述货物运输保险，特立本保险单。

THIS POLICY OF INSURANCE WITNESSES THAT THE PEOPLE' S INSURANCE COMPANY OF CHINA (HEREINAFTER CALLED "THE COMPANY") AT THE REQUEST OF THE INSURED AND IN CONSIDERATION OF THE AGREED PREMIUM PAID TO THE

COMPANY BY THE INSURED，UNDERTAKES TO INSURE THE UNDERMENTIONED GOODS IN TRANSPORTATION SUBJECT TO THE CONDITIONS OF THIS OF THIS POLICY ASPER THE CLAUSES PRINTED OVERLEAF AND OTHER SPECIL CLAUSES ATTACHED HEREON.

标　记 MARKS&NOS	包装及数量 QUANTITY	保险货物项目 DESCRIPTION OF GOODS	保险金额 AMOUNT INSURED
F.V. ART NO = 9099 ROTTERDAM NOS:1-1000	1000CTNS	STAINLESS SCOOP	USD126，720

总保险金额

保　　　　　　　　　　　　启运日期　　　　　　　　　　　　装载运输工具：

费____________DATE OF COMMENCEMENT: PER CONVEYANCE:__________

自　　　　　　　　　　　　经

至

FROM:　　GUANGZHOU　　　VIA____________TO　BOSTON________

承保险别：

CONDITIONS: FOR 110% INVOICE VALUE COVERING ALL RISKS AND WAR RISK AS PER OMCC OF CIC 1/1/1981

所保货物，如发生保险单项下可能引起索赔的损失或损坏，应立即通知本公司下述代理人查勘。如有索赔，应向本公司提交保单正本（本保险单共有 3 份正本）及有关文件。如一份正本已用于索赔，其余正本自动失效。

IN THE EVENT OF LOSS OR DAMAGE WITCH MAY RESULT IN A CLAIM UNDER THIS POLICY,IMMEDIATE NOTICE MUST BE GIVEN TO THE COMPANY’S AGENTAS MENTIONED HEREUNDER. CLAIMS,IF ANY，ONE OF THE ORIGINAL POLICY WHICH HAS BEEN ISSUED IN THREE ORIGINAL（S）TOGETHER WITH THE RELEVENT DOCUMENTS SHALL BE SURRENDERED TO THE COMPANY. IF ONE OF THE ORIGINAL POLICY HAS BEEN ACCOMPLISHED. THE OTHERS TO BE VOID.

××××公司×××分公司

The People's Insurance Company of China

Guangzhou Branch

赔款偿付地点

CLAIM PAYABLE AT: ____________

出单日期 ______________________________

Authorized

Signature

ISSUING DATE:__________

地址（ADD）：中国广州黄河一路电话 （TEL）：

地址（ADD）：邮编（POST CODE）：518000 传真（FAX）：

附录2

交通意外伤害保险合同

甲方：________

乙方：________

乙方是我国国内规模大、以旅游涉外饭店为主体，依照国际标准为海内外客商提供高水准商务旅游服务的大型现代化旅游顾问公司，为了提高其在同业中的竞争力，体现乙方完善的服务体系和人性化经营理念，甲方为乙方的会员客户依据其积分提供相应的交通意外保险，经双方协商，签订此协议。具体内容如下：

第一条 合作方式

乙方作为投保人为其优质客户投保甲方《________人身意外伤害保险条款》（中国保险监督管理委员会________年________月核准）。

优质客户是指一年之内累计积分达到________分的客户。

第二条 承保方案

1．保额：RMB________元（综合）。（未成年被保险人的身故保额以中国保监会的规定为准）

2．保费：RMB________元/份。

3．保险期间：1年。

4．每一被保险人限投一份本保险，超出部分，甲方不承担保险责任。

5．在一个保险期间内，客户增加的积分每达到________分，乙方为其继续投保下一个年度本保险1份。

第三条 承保流程

1．乙方随时整理其客户资源，收集客户资料，寄送保险确认书。

2．每月20日乙方向甲方提供加盖公章的优质客户人名清单（附件1）打印稿及电子版各一份及保险确认书（附件2）和团体投保单，同时缴纳保费。

3．甲方按照乙方提供的投保资料制作团体保险单及出具保险卡，交由乙方寄发被保险人。

4．每一期被保险人的起保日期相同，甲方于收齐投保资料和保费的次月1日起承担保险责任。

5. 被保险人出险后 5 日内，由被保险人或受益人通知甲方（24 小时热线电话________），申请理赔。具体参见《________人身意外伤害保险条款》（附件 3）。

第四条 保险确认

保险确认书须由被保险人填写并在被保险人签字栏签字（未成年人由法定监护人代为签字）。

第五条 生效与终止

在本协议书签字并盖章生效后，如双方的任何一方有终止本协议书的要求，应提前一个月书面通知对方，经双方协商同意后终止。

第六条 保险责任

如乙方提供的客户投保资料与实际情况不符，甲方不承担相应的保险责任，引起的后果由乙方承担。

第七条 法律效力

本协议一式两份，双方各执一份，具有同等的法律效力。

第八条 合同生效

本合同自甲、乙双方签字盖章的次日零时起生效。

第九条 其他

本合同未尽事宜，以《________人身意外伤害保险条款》为准。

附录3

人身意外伤害保险条款

（中国保险监督管理委员会 2001 年 11 月核准）

第一条　保险合同构成

本保险合同（以下简称本合同）由保险单和其他保险凭证及所附条款、投保单、与本合同有关的投保文件、声明、批注、附贴批单及其他书面协议构成。

第二条　保险责任

一、在保险期间内，保险人对被保险人遭遇的以下 3 类风险承担保险责任：A 类：被保险人以乘客身份乘坐商业运营的汽车，自进入汽车车厢起至抵达目的地走出汽车车厢止，因遭受意外伤害导致的身故或残疾；B 类：被保险人以乘客身份乘坐商业运营的火车、轮船，自进入火车车厢或踏上轮船甲板起至抵达目的地走出火车车厢或离开轮船止，因遭受意外伤害导致的身故或残疾；C 类：被保险人以乘客身份乘坐商业运营的民航班机，自踏入民航班机的舱门起至抵达目的地走出民航班机的舱门止，因遭受意外伤害导致的身故或残疾。

二、被保险人在保险期间内遭遇以上 3 类风险的，保险人按下列规定给付保险金：

（一）身故保险金：被保险人自意外伤害事故发生之日起 180 日内以该次意外伤害为直接原因身故的，保险人按该类风险所对应的保险金额给付身故保险金。

（二）残疾保险金：被保险人自意外伤害事故发生之日起 180 日内以该次意外伤害为直接原因致残疾的，保险人按该类风险所对应的保险金额及该项身体残疾所对应的给付比例给付残疾保险金。如自意外伤害发生之日起第 180 日时治疗仍未结束，按第 180 日时的身体情况进行鉴定，并据此给付残疾保险金。被保险人因同一意外伤害造成两项及以上身体残疾时，保险人给付对应各项残疾保险金之和。但不同残疾项目属于同一手或同一足时，保险人仅给付其中一项残疾保险金；如残疾项目所对应的给付比例不同时，保险人给付其中比例较高一项的残疾保险金。

三、保险人对每一被保险人遭遇任一类风险所负的给付上述各项保险金的责任，以该被保险人该类风险所对应的保险金额为限，一次或累计给付的保险金达到该类保险金额时，保险人对该被保险人的该类保险责任终止。

第三条　责任免除

因下列情形之一，造成被保险人身故或残疾的，保险人不负给付保险金责任：

一、投保人、受益人对被保险人的故意杀害或伤害；

二、被保险人违法、故意犯罪或拒捕；

三、被保险人违反承运人关于安全乘坐的规定；

四、被保险人殴斗、醉酒、自杀、故意自伤及服用、吸食、注射毒品；

五、被保险人受酒精、毒品、管制药品的影响；

六、被保险人流产、分娩；

七、被保险人精神错乱或精神失常；

八、被保险人因检查、麻醉、手术治疗、药物治疗而导致的医疗意外；

九、被保险人未遵医嘱，私自服用、涂用、注射药物；

十、被保险人受细菌、病毒等微生物及寄生虫感染，或被保险人中暑；

十一、被保险人患有艾滋病或感染艾滋病病毒（HIV 呈阳性）期间；

十二、被保险人因疾病身故；

十三、被保险人因意外伤害、自然灾害事故以外的原因失踪而被法院宣告死亡的；

十四、战争、军事行动、暴乱或武装叛乱；

十五、核爆炸、核辐射或核污染。

如发生以上情形，导致被保险人身故，保险人对该被保险人的保险责任终止，并按约定退还未满期保险费。

第四条　保险期间

本合同保险期间为一年，保险人同意承保后，保险期间自保险人收到保险费的次日零时开始，至约定的终止日 24 时止。保险人签发保险单作为保险凭证。

第五条　保险金额和保险费

一、本合同保险金额按份计算，每份保险的 3 类风险累计保险金额为人民币 80000 元，其中：A 类风险：人民币 10000 元；B 类风险：人民币 20000 元；C 类风险：人民币 50000 元。

二、每一被保险人无论持有几份本保险，保险人对其承担的保险金给付责任以保险人有关规定为限，对超过限额的部分保险人不予负责。保险金额一经确定，中途不得变更。

三、投保人应于投保时一次缴纳全部保险费。

第六条　如实告知

订立本合同时，保险人应向投保人明确说明保险条款内容，特别是责任免除条款，并有权就投保人、被保险人的有关情况提出书面询问，投保人、被保险人应当如实告知。

如投保人、被保险人故意不履行如实告知义务，保险人有权解除本合同，并对于本合同解除前发生的保险事故，不负给付保险金的责任，不退还保险费。

投保人、被保险人因过失未履行如实告知义务，足以影响保险人决定是否同意承保或提高保险费率的，保险人有权解除本合同；对保险事故的发生有严重影响的，本合同解除前发生的保险事故，保险人不负给付保险金的责任，但按约定退还未满期保险费。

第七条　受益人的指定和变更

一、被保险人或者投保人可指定一人或数人为身故保险金受益人，受益人为数人时，应确定受益顺序或受益份额。未指定受益人的，保险金作为被保险人的遗产，由保险人依法向被保险人的继承人履行给付保险金的义务。

二、被保险人或者投保人变更身故保险金受益人时，应以书面形式通知保险人，并由保险人在保险单上予以批注。投保人在指定和变更身故保险金受益人时，须经被保险人书面同意。

三、残疾保险金的受益人为被保险人本人，保险人不受理其他指定或变更。

四、受益人先于被保险人身故，或受益人放弃受益权的：

（一）若保险合同中未列明其他受益人，按未指定受益人的情形处理；

（二）若保险合同中列明有其他受益人，按下列方式给付保险金：1. 受益方式为顺位的，保险人向其他受益人中受益顺序在前的受益人给付保险金；2. 受益方式为均分或比例的，保险人按保险合同中约定的受益份额向其他受益人给付保险金；已身故受益人或放弃受益权受益人名下的保险金作为被保险人的遗产，由保险人依法向被保险人的继承人履行给付保险金的义务。

五、被保险人与受益人在同一意外伤害事故中身故，无法确定两者身故先后顺序的，推定受益人先于被保险人身故。

第八条　保险事故通知

投保人、被保险人或受益人应于知道或应当知道保险事故发生之日起5日内通知保险人。否则投保人、被保险人或受益人应承担由于通知迟延致使保险人增加的勘查、检验等项费用。但因不可抗力导致的迟延除外。

第九条　保险金的申请

一、被保险人发生意外伤害事故，由保险金受益人作为申请人填写保险金给付申请书，并凭下列证明和资料向保险人申请给付保险金：

（一）保险单或其他保险凭证；

（二）受益人户籍证明或身份证明；

（三）公安等部门及承运人出具的意外伤害事故证明；

（四）如被保险人因意外伤害身故，须提供公安部门、县级以上公立医院或保险人认可的医疗机构出具的被保险人身故证明书及被保险人户籍注销证明；

（五）如被保险人因意外事故宣告死亡，须提供人民法院出具的宣告死亡的判决书；

（六）如被保险人因意外伤害残疾，须提供县级以上公立医院或保险人认可的医疗机构或医师出具的被保险人残疾程度鉴定书；

（七）投保人、受益人所能提供的与确认保险事故的性质、原因、伤害程度等有关的其他证明和资料。

二、如受益人委托他人申领保险金，还须提供授权委托书及受托人的身份证明等资料。

三、保险人收到申请人的保险金给付申请书及本条第一、二款所列证明和资料后，对确定属于保险责任的，在与申请人达成有关给付保险金数额的协议后10日内，履行给付保险金义务；对不属于保险责任的，向申请人发出拒绝给付保险金通知书。

四、保险人自收到申请人的保险金给付申请书及本条第一、二款所列证明和资料之日起60日内，对属于保险责任而给付保险金的数额不能确定的，根据已有证明和资料，按可以确定的最低数额先予以支付，保险人最终确定给付保险金的数额后，给付相应的差额。

五、如被保险人在宣告死亡后生还的，受益人应在知道或应当知道被保险人生还后30日内退还保险人已支付的保险金。

六、受益人对保险人请求给付保险金的权利，自其知道或应当知道保险事故发生之日起2年不行使而消灭。

第十条　地址变更

投保人住所或通讯地址变更时，应及时以书面形式通知保险人。投保人未以书面形式通知的，保险人将按本合同注明最后住所或通讯地址发送有关通知。

第十一条　合同内容变更

在本合同有效期内，经投保人和保险人协商，可以变更本合同的有关内容。变更时应当由保险人在原保险单或者其他保险凭证上予以批注或附贴批单，或由投保人和保险人订立变更的书面协议。

第十二条　投保人解除合同的处理

投保人于本合同成立后，可以书面通知要求解除保险合同。

一、投保人要求解除本合同时，应提供下列证明和材料：

（一）保险单及其他保险凭证；

（二）保险费收据；

（三）解除合同申请书；

（四）投保人身份证明。

二、投保人要求解除本合同的，自保险人接到解除合同申请书之日起，保险责任终止，并于接到上述证明和资料之日起30日内退还未满期保险费。

三、已发生过保险金给付的，不得要求解除合同。

第十三条　争议处理

合同争议解决方式由当事人在合同约定时从下列两种方式中选择一种：

一、因履行本合同发生的争议，由当事人协商解决，协商不成的，提交保单签发地或就近的仲裁委员会仲裁；

二、因履行本合同发生的争议，由当事人协商解决，协商不成的，依法向保单签发地的人民法院起诉。

第十四条　释义

保险人：指__________保险公司

不可抗力：指不能预见、不能避免并不能克服的客观情况。

意外伤害：指遭受外来的、突发的、非本意的、非疾病的使身体受到伤害的客观事件。